催产素与社会奖赏信息加工

马小乐◎著

吉林大学出版社
·长 春·

图书在版编目（CIP）数据

催产素与社会奖赏信息加工 / 马小乐著. -- 长春：
吉林大学出版社，2022.12
　　ISBN 978-7-5768-1308-1

　　Ⅰ . ①催… Ⅱ . ①马… Ⅲ . ①药物－催产素－化工生
产 Ⅳ . ① TQ467.23

　　中国版本图书馆 CIP 数据核字（2022）第 243019 号

书　　　名：催产素与社会奖赏信息加工
　　　　　　CUICHANSU YU SHEHUI JIANGSHANG XINXI JIAGONG
作　　　者：马小乐　著
策划编辑：卢　婵
责任编辑：卢　婵
责任校对：曲　楠
装帧设计：三仓学术
出版发行：吉林大学出版社
社　　　址：长春市人民大街 4059 号
邮政编码：130021
发行电话：0431-89580028/29/21
网　　　址：http://www.jlup.com.cn
电子邮箱：jdcbs@jlu.edu.cn
印　　　刷：武汉鑫佳捷印务有限公司
开　　　本：787mm×1092mm　　1/16
印　　　张：12.25
字　　　数：160 千字
版　　　次：2022 年 12 月　第 1 版
印　　　次：2023 年 2 月　第 1 次
书　　　号：ISBN 978-7-5768-1308-1
定　　　价：68.00 元

前　言

在复杂的社会环境中，人类依赖建立社会关系和参与社会互动来生存和发展。人类社会交往程度远远超过了任何其他物种，个体社会功能受损会对健康和福祉产生负面影响。同时，社会行为也表现出极大的差异性，而形成这种差异的内在机制是行为科学领域一个悬而未决的问题。

人类的社会行为由遗传和环境共同决定，也受到神经体液系统的强烈影响。神经肽催产素是由下丘脑合成的一种垂体肽类激素，其生理功能是可以促进女性分娩和泌乳。近几年，一系列研究表明，它在调节人类社会行为和情感系统的过程中也扮演着重要的角色，是关键的神经调节物质。关于催产素的动物实验以及人类实验的研究证实，催产素可以调节个体社会认知和情感加工（如面孔识别、情绪识别、共情、社会性记忆等），并且能促进不同情境中的社会交互行为（如亲子关系、社会趋近、社会沟通、合作等）。这些积极作用的发现增大了催产素被用于治疗社交焦虑症、自闭症、抑郁症、精神分裂症以及创伤后应激等情感障碍与社会信息处理障碍的可能性。但与此同时，越来越多的证据表明，催产素对个体大脑活动和行为的作用很大程度上依赖于实验任务和应用情境，且与实验被试的性别、人格特质以及个人经历等关系密切。因此，基于催产素相关理论，通过实证研究进一步探讨催产素的作用和影响因素具有重要意义。

我们首先对催产素研究进行了总结，回顾了催产素的研究历史和发展现状。在此背景下，我们重点探讨了催产素作用的性别和情境效应，以此作为两项新研究的基础，并为进一步的研究和应用提供了理论依据。其次，为了研究不同条件下催产素对个体奖赏信息加工的影响，我们设计并实施了两项实验研究，分别从群际关系（内群体和外群体）以及个体关系（朋友和陌生人）两种条件来探索催产素的情境效应。这两项研究主要融合了行为科学、神经药理学和脑成像的方法，以健康成年大学生为研究对象，采用经典心理学实验范式，研究了催产素对社会奖赏信息加工的影响，并探究其相应的神经机制。

研究一采用行为实验的方法，考察了不同群际关系的情境下，催产素对社会奖赏信息加工的作用。群际偏好一般指个体对自己所属群体即内群体及其成员的偏爱和对外群体及其成员的贬损。在共情、心理理论、面孔识别、认知控制、社会决策等心理加工过程中都表现出了群际偏好的现象。此外，之前的研究已经表明，鼻喷催产素能增强男性的内群体偏爱和民族中心主义。然而，目前我们还不清楚这种影响是否也存在于女性个体身上，并且这种作用的范围是否可以从社会性刺激延伸到非社会性刺激上。在本项研究中，我们主要探究鼻喷催产素对属于内外群体的社会性刺激或非社会性刺激的喜爱程度和唤醒度的影响。该研究使用被试间双盲，安慰剂对照设计，招募中国男女大学生共计 51 人参与实验。被试被随机分配到实验组（催产素）或控制组（安慰剂），接受 24 个国际单位（IU）的催产素或安慰剂鼻喷处理。在正式实验之前，为了排除潜在的无关变量的干扰，被试首先完成一系列量表，测量情绪状态、个体抑郁、共情能力、人格特质、特质与状态焦虑及自尊水平。药物处理 45 min 后开始正式实验，被试观看一系列图片并根据要求对不同的刺激材料图片进行评定。具体来讲，被试采用 9 点评分对社会性或非社会性刺激在喜爱程度、唤醒程度、熟悉程度三个方面进行评价。为了评估催产素是否存在持续的效应，被试在一周后进行了第二次测试，并且第二次评定前不使用催产素或安慰剂。研究结果显示，催产素有选择性地增加了个体对中国社会性刺激和旗帜的喜爱程度，但个体对中国其他文化符号、公司和消费产品等非社会性刺激的偏好程度没有受到影响。这种效应独立于被试性别并且在一周之后依然保持稳定。此外，我们没有发现催产素其他作用。该研究结果与之前研究结果一致，进一步支持了催产素对群际偏好的作用主要表现为提高内群体偏好而不是外群体贬损。但是我们还不清楚催产素的这种效应是否仅局限于群际关系，还是也可以扩展到个体关系上（例如友谊关系），同时，催产素作用的神经机制也不清楚。因此，我们进一步开展了第二项研究来考察这个问题。

　　研究二采用行为实验的方法和磁共振成像结合的方法，考察了在不同人际关系的情境下，催产素对社会奖赏信息加工的作用。在复杂的社会环境中，个体与他人建立一定的联系，而这样的经历本身是具有奖赏作用的。个体高度依赖于他们的社会关系，并且在社会信息加工时会受到人际关系的影响。催产素可以通过增加他们的奖赏体验或减少焦虑来促进个体社会交往，但我们还不清楚这种效应是否依赖于个体的性别与个性特征。在本研究中，我们主要探讨鼻喷催产素对不同共享情境下个体社会共享体验的作用及其相应的神经机制。此外，我们进一步考察了催产素效应在多大程度上受到被试性别和个体依恋类型的影响。该研究使用被试间双盲，安慰剂对照设计，128对同性别朋友(总计256人)同时完成了一个社会共享任务。其中一个朋友在磁共振扫描仪中完成此项任务，另一个朋友在相邻的行为实验室里完成此项任务。被试被随机分配到实验组或控制组，接受 40 IU 的催产素或安慰剂。被试在正式实验之前，首先要完成一系列量表，包括抑郁、共情、人格、情绪、焦虑等测量，以及评估友谊、孤独感、亲密关系的量表。正式实验为随机事件相关设计，呈现给被试一系列情绪图片（积极、中性以及消极），被试被告知将独自观看（控制情境），或者和一个陌生的同学同时观看(陌生人共享情境)，或者和自己的好朋友一起观看（朋友共享情境）该图片。之后被试需要依次对该图片效价和唤醒度采用 9 点评分进行评价。实验结果显示，鼻喷催产素增加了女性被试与朋友共享图片的积极体验，尤其是在磁共振扫描仪完成任务的被试，这样的环境存在更大的压力；而男性被试没有显著差异。相应的神经成像结果显示，在与朋友分享图片时，催产素降低了女性杏仁核和脑岛的激活以及两者之间的功能连接，但对男性却产生了相反的作用。另一方面，催产素并没有增强大脑奖赏回路的活动。此外，安慰剂组的女性与朋友分享图片时她们的杏仁核激活与依恋焦虑呈正相关，而催产素药物处理消除了这种相关关系。因此，催产素的效应主要是由于鼻喷催产素在朋友情境下降低了女性焦虑，而非提高奖赏，并且催产素的效应对高依恋焦虑个体作用更显著。

综上所述，催产素对社会奖赏信息加工具有一定的作用，群际关系和个体关系起了一定的调节作用。具体表现为，催产素既可以增强对社会性刺激的内群体偏好，也可以促进与朋友分享时的积极体验。然而，尽管催产素对群际偏好的影响与性别无关，但对与朋友积极分享体验的促进作用仅限于女性被试，伴随着与性别相关的神经激活模式和大脑区域的功能连接改变，并且这些区域主要与焦虑加工而非奖赏加工有关。此外，女性中催产素的神经作用受依恋焦虑的影响。因此，催产素对社会认知行为的影响受到情境和个体变量的调节，这些新的发现表明，今后需要对这些因素之间复杂的相互作用做进一步研究。

马小乐

2022 年 12 月 12 日

目　录

第 1 章　绪　论

1.1　催产素的研究背景

本文主要基于催产素的相关研究理论，结合群际偏好和社会关系理论，以及依恋理论和奖赏理论，采用心理学行为实验方法、神经药理学方法和脑功能成像方法，探究催产素对社会奖赏信息加工的作用，以及不同亲密程度的社会关系的调节作用。

经过多年的研究，大量的神经肽系统参与调节社会情绪或动机行为的多个方面成为研究者的共识。针对焦虑症、自闭症、药物应用障碍、精神分裂症或重度抑郁症等精神类疾病的治疗，一些神经肽也成为精神病理学的潜在研究目标。目前发现，在健康和疾病方面有良好的行为效应的神经肽只有少数，例如催产素（oxytocin，OXT）、精氨酸加压素（arginine vasopressin，AVP）和促肾上腺皮质激素释放因子（corticotropin releasing factor）。但由于所开发的激动剂或拮抗剂缺乏可靠的临床疗效，或在动物或临床试验中报告有不良反应，多数神经肽系统将很难成为一种潜在的治疗手段（Grinevich and Neumann，2021）。相比之下，合成催产素已经在产科医学中使用了50多年，被证实为是一种安全可靠的神经肽。

催产素是一种进化上的古老的激素，由人体下丘脑室旁核和视上核合成、垂体后叶分泌的一种重要的神经多肽，能够对大脑活动产生广泛的影响。即使经过几十年的研究，催产素仍然吸引着从神经生物学到社会神经科学各个领域国内外学者的关注和好奇心，成为人类神经内分泌系统研究最多的多肽之一。人们对催产素的研究兴趣从早期其对母亲分娩和促进泌乳的作用转向它对各类人类社会行为的影响。在动物研究的基础上，过去十年人们对催产素在人类社会认知和亲社会行为领域的影响研究剧增，至少其短期行为效应较为乐观。

催产素在调节哺乳动物形成社会关系方面发挥着重要作用，成长早期的社会环境也塑造个体催产素能系统地发育。个体出生时催产素能系统的状态与之后社交技能的发展之间存在密切的联系。一项研究表明，新生儿出生时脑脊液中的催产素水平可以预测其6个月大时的社交能力。出生时催产素水平高的婴儿在6个月时会发出更多啼哭，以吸引成年人的注意并获得身体接触。并且，与出生时催产素水平较低的婴儿相比，他们的社交行为表现也更强（Clark et al., 2013）。早期生活经历对个体适应性社会行为的发展至关重要，这是由于一些因素会对发育中的大脑产生不利影响，例如缺乏与母亲亲密接触，社会孤立等压力事件。研究发现，这些早期生活事件会影响个体催产素能系统的发展，调节下丘脑中催产素受体的表达和催产素免疫反应，进而影响其社会性发展（Bales and Perkeybile, 2012）。研究母亲的催产素能系统也同样重要。通常来讲，自闭症儿童母亲的血浆催产素水平较低，会直接或间接影响儿童的催产素能系统（Xu et al., 2013）。首先，它可以通过基因遗传直接影响新生儿的催产素能系统（Tyzio et al., 2006）；其次，它可以导致母亲的亲子行为减少，养育质量降低，影响新生儿的大脑催产素能系统，进而导致其适应不良的社会功能发展。如果母亲患有抑郁症，其唾液中催产素水平较低，子女更可能表现出较高的焦虑水平和较低的社交能力（Apter-Levy et al.，2013）。

早期有关催产素在人类被试上的研究较为一致地发现，催产素具有亲社会属性，可以促进亲社会行为（即被社会群体视为对他人或群体有益的行为），又被喻为"爱的荷尔蒙"或"亲密荷尔蒙"。进一步研究表明，催产素能够促进个体的社会趋近行为，在社会关系、社会性记忆、社会决策、社会信息加工、情绪情感、共情、社会决策等方面，催产素都发挥了一定的作用，这增大了催产素用于临床上改善自闭症、抑郁症、焦虑症、创伤后应激障碍、精神分裂等多种人格障碍或精神类疾病的可能性，激发了研究者的研究热情。

然而，随着对催产素研究的不断深入，研究问题和手段日趋多样，许多在相似问题上的研究得到了不一致的结果甚至是看上去完全相反的结果。例如，催产素可能会减少合作，增加嫉妒，甚至引发侵略（Ne'eman et al.，2016）。这也说明早期学者们认为的外源性催产素广泛改善社会认知或促进亲社会行为的观点似乎是不正确的。事实上，催产素在社会领域的影响不像最初想象的那么明确，而是要复杂得多。

那么，催产素到底通过怎样的神经—心理—行为机制作用于人类行为？有学者认为，之前研究中结果的不一致性不应该被视为单纯的"噪声"而被忽视，应该被看作是催产素作用的环境和个人依赖特性的线索。目前较为一致的看法是，催产素的亲社会作用主要依赖于多种条件，例如个体性别和其他个人身体和心理特征，以及任务类型和情境等。因此，准确地描述催产素效应对环境和对个体特征的依赖，有利于完善催产素对人类社会性发展影响的相关理论，也有利于未来将催产素作为一种治疗药物，实现临床应用的精准化和个性化，保证其在治疗中的功能和潜在效用的发挥。

1.2　催产素的相关理论

为了解释或试图调和不同实验结果之间的一致性或差异性，相继有学者提出了一些著名的观点或理论。其中包括亲社会解释（prosocial account）（Kosfeld et al.，2005）、恐惧/压力解释（fear/stress account）（Bartz et al.，2011；Mccarthy et al.，1996）、社会显著性假设（social salience hypothesis）（Shamay-Tsoory and Abu-Akel，2016）、社会趋近/回避理论（approach-avoidance hypothesis）（Harari-Dahan and Bernstein，2014；Kemp and Guastella，2011）、社会适应假说（social adaptation hypothesis）（Ma et al.，2016）等。在这些理论之外，考虑到社会关系在调节催产素的效应中的显著影响作用，有人专门提出了相关的解释，即内外群体解释（in-group/out-group approach）（De Dreu，2012a）。上述这些理论对催产素作用的已有研究提供了解释，并为新的研究提供了支点。

亲社会解释是早期研究者基于其表现出的功能提出的。该理论认为，催产素对个体行为的影响主要是促进亲社会倾向，增加关于照顾和合作的亲社会行为（Kosfeld et al.，2005）。该理论的核心观点是：许多亲社会行为深深植根于人类社会大脑的神经内分泌结构，尤其是来自催产素的作用。并且，催产素系统之所以能广泛地影响社会关系的形成和维持，是由于它在促进利他主义和相关的亲社会行为方面发挥了作用。

恐惧/压力理论认为，催产素通过降低个体压力来影响其社会行为，尤其通过降低社会焦虑，增加亲社会行为（Bartz et al.，2011；Heinrichs et al.，2003）。该假说首先基于实验室压力社会测试和个人之间真实冲突的证据提出，已经被提出用来解释催产素可以提高信任、合作等亲社会行为，促进个体面对压力源和创伤事件时的生理和行为适应能力，或者改善自闭症患者与社交焦虑有关的社交障碍。

社会显著性假设认为，催产素的作用依赖于社会线索，因此，受情境特点以及个体差异的影响，可以在一定程度上解释催产素效应的特异性。催产素通过与多巴胺系统的相互作用来调节社会线索的显著性，并且可以改变人们对外部环境社会线索（例如，竞争性和合作性环境）的注意，参与调节社会情绪，增加情绪体验和评估，而不是在特定方向上调节情绪或行为。同时，这种作用依赖于情境和基本的个体差异，如性别和性格特征（Shamay-Tsoory and Abu-Akel，2016；Shamay-Tsoory et al.，2009）。

社会趋近 / 回避假说认为，催产素可以增强与趋近相关的情绪（包括积极情绪以及部分消极情绪，如愤怒或嫉妒），或者抑制与回避相关的情绪（如恐惧）（Kemp and Guastella，2011）。值得一提的是，该假说对催产素作用解释扩大了催产素作用的可能性，即催产素的影响可能并不局限于社会行为，而是扩展到接近和回避动机过程介导的广泛适应性和非适应性行为的范围，包括社会性刺激和非社会行刺激。

社会适应假说认为，催产素以一种复杂的方式作用于社会情感和行为过程，但其作用的结果是提高了个体对社会环境的适应能力（Ma et al.，2016）。从生理上讲，催产素调节大脑活动过高或过低的神经活动，来改善个体受损的社会适应能力，提升社会适应表现。社会适应假说同样提供了催产素情境性调节的解释，即不同情境有并不一致的社会适应最优行为表现。

内外群体解释认为，催产素在群体关系的背景下调节人类之间的合作和冲突行为（De Dreu，2012a）。这种理论关注群体心理学，认为催产素促使个体喜欢、信任内群体他人，可能表现出对外群体成员的防御性攻击和敌对。

目前为止，以上这些观点和理论对解释催产素的作用及进一步探讨其临床价值并开展临床实践具有重要指导价值。同时，这些机制很可能不是相互排斥的，而是根据个人和情境因素结合或交替的。目前国内对于催产素的研究较少，系统性的理论研究相对薄弱，因此，有必要基于已有理论框架，在中国文化背景和社会环境下探讨催产素对个体社会认知和社会行为的影响，结合认知神经方法系统地探讨催产素作用机制，并在此基础上进一步完善相关理论。

1.3 问题提出

催产素可以缓解个体社会交往情境中的焦虑和压力，调节社会奖赏加工和趋近行为，是一种潜在的治疗焦虑症、抑郁症、自闭症以及创伤后应激障碍的药物。前人对催产素的研究较为一致地发现了其具有情境性和特异性，表现在催产素的效应随任务类型、实验情境、被试的性别等个体特征表现出差异性。根据社会显著性假说，催产素调节社会情境中刺激的显著性和对社会刺激的注意。其中，作为重要的情境因素，亲密关系对催产素的效应有重要的调节作用。与此理论一致的是，有学者提出了催产素增强群体内信息和群体间情境的社会显著性，然而目前缺少群体层面和个体层面情境信息的整合。

在群体层面，个体依赖于群体生活，通常情况下会表现出内群体偏好和一定程度的外群体贬损。这种群际偏好文化广泛地存在于人类社会生活中，可以促进群体内部的合作以及与外群体的竞争。已有关于鼻喷催产素的研究发现，内群体文化以影响催产素对决策的作用。在经济游戏情境中，鼻喷催产素促进狭隘的利他主义，提高被试对群体内成员的信任与合作，以及对与其竞争的外群体成员的防御和侵犯，而这取决于外群体和内群体之间的关系，以及外群体成员对内群体成员是否有威胁。当组外人员的存在对自己和组内人员没有威胁时，催产素增进了对组内人员的信任；而一且组外人员可能会威胁到自己和组内人员的利益时，催产素会增加个体对组外人员的防御或攻击行为。随后，研究者将研究扩展到催产素对种族中心主义的影响上，发现催产素在经济任务，情感归因任务，以及道德两难任务中可以提高个体的民族中心主义倾向。

另一方面，在个体层面，相对于陌生他人，个体与朋友间有亲密的关系，这种友谊关系会增加个体积极的情绪体验，并有助于缓解来自应激事件的压力。友谊关系也和催产素有交互作用，研究发现，催产素和来自朋友的社会支持共同作用，被试表现出最低的皮质醇浓度，有助于个体压力状态下保持平静、减少焦虑。同时，催产素可以进一步促进伴侣社会支持对减缓焦虑、缓解痛苦的积极作用。

但过去的研究也有不足之处，主要表现为以下几个方面。

（1）催产素的研究理论上目前还存在许多争议。催产素是通过减少焦虑、增加依恋动力、增加社交线索的突出性，或是更多机制的某种组合来调节社会认知和社会行为呢？考虑到研究结果的冲突，我们有理由相信是否存在环境和（或）个体差异因素，影响这些机制在塑造外源性鼻喷催产素效果中的相对重要性。随着实证研究的增多，理论的比较和整合工作还较少。

（2）催产素作用特异性的讨论不够深入。我们目前还不清楚哪些情境和个体差异因素调节了外源性催产素的作用。这些情境性调节因素是稳定存在，还是依赖于具体的测试任务？个体差异的调节作用是否与内源性催产素水平或者其他人体内激素有关？类似地，催产素是否对特定人群有更好的效果也需要进一步的探讨。他人与自己的亲密关系（例如内群体和外群体、朋友和陌生人）在催产素的效应中是否起到重要的调节作用，并且是否有相似的表现我们还不清楚。更重要的是缺乏对二者的研究的系统讨论以及二者对催产素的调节的作用机制的研究。尽管有大量证据表明催产素对社会行为的影响很大，但是这些影响背后的神经机制仍未被很好地解释。

（3）催产素研究内容和研究领域有待扩展。过去的研究主要集中于决策任务，如信任、合作等，较少探索催产素作用下被试对社会性奖赏信息的加工或评估以及社会关系如内群体（相对于外群体）以及朋友（相对于陌生人）的调节作用。过去研究发现，社会性刺激对于个体来说本身就是一种奖赏，大脑的许多脑区与社会性奖赏有关，社会关系在其中发挥了重要的调节作用，需要我们进一步探索催产素奖赏加工的脑机制以及社会关系的调节作用。

（4）催产素研究多样性不足。过去的研究主要单独使用男性被试或女性被试，同时比较男性被试和女性被试的研究较少。但正如之前所言，催产素的研究发现了在男性和女性上的差异，因此，有必要使用男性和女性被试进一步探索催产素作用的性别差异以及性别的影响作用。目前，研究多关注单次催产素 40 ~ 45 min 后的效果，即单次催产素短期作用，对催产素持续或长期影响的研究较少。

总之，本研究将内群体文化以及友谊关系整合到同一个框架下，试图从"亲密关系"情境的角度来探索催产素对社会奖赏行为的作用的情境性。基于以上几点，我们提出了两个实验，从群际关系和人际关系两个方面来探究催产素对奖赏加工的作用以及社会关系的调节作用。本研究基于社会奖赏理论，通过两项实验来探究催产素效应的情境性，并且主要考察内群体文化和友谊关系在其中的作用。第一个实验，研究催产素对群际偏好的作用即内群体社会文化对催产素作用的调节（Ma et al., 2014a）。在此基础上我们提出了第二个实验，进一步探究友谊关系对催产素效应的调节及其神经机制（Ma et al., 2018）。

1.4　研究意义

催产素是人体内重要的神经多肽，其对社会行为的影响备受研究者关注，并逐渐走向临床应用，进入社会的视野。研究催产素对社会奖赏信息加工作用的情境性有重大的理论意义。一是可以完善群际偏好与社会奖赏等相关理论。运用脑成像等技术可以探究其神经机制，帮助我们更深入地理解人类社会行为模式，理解大脑加工奖赏社会信息时的活动，为后续的研究提供了一定的启示。二是可以拓宽我们对催产素作用的认识，了解催产素作用的行为影响以及神经机制，为催产素相关理论提供实证依据。

在实验中考察不同人群、不同情境的行为反应和大脑功能也有着深刻的实践价值。基于鼻喷催产素对个体社会行为和情绪的影响，研究认为，催产素可以用于治疗各种精神疾病，包括社交焦虑、自闭症和精神分裂症等。然而，目前一系列的研究结果的不一致反映出催产素对精神症状的潜在治疗价值仍然是不确定的。有许多因素可以调节鼻喷催产素的效应，包括个体性别、催产素受体基因的基因型、依恋类型和早期童年经历等。因此，需要更多严格的实验设计来探究催产素的作用机制和适用情境，以提出更有策略的治疗方法。已有研究中探讨了催产素对亲子关系和群际关系的作用，我们在此基础上，基于催产素作用的情境性探讨群际关系和人际关系对催产素效应的影响，有助于完善基于亲密关系情境的催产素效应的理论，为催产素的临床应用提供进一步的理论支持和指导。此外，探明健康人群中内群体文化和友谊对催产素作用的影响以及催产素的剂量、作用时间、作用人群等，有助于我们更深刻地了解催产素发生作用的情境，探究患者和治疗师建立亲密关系的重要作用，更重要的是为催产素在临床上改善自闭症、抑郁症、创伤后应激障碍、精神分裂症等心理疾病的应用提供参考。

1.5 主要创新

研究将从行为和神经两个层面，探讨神经多肽催产素对社会性奖赏加工的影响机制，并着重探究群体关系和个体关系在其中的作用，在研究内容、研究对象、研究方法等方面具有一定的创新性。

（1）在研究内容上，本研究的研究课题为探究催产素效应的情境因素，重点在于探索社会关系对催产素效应的影响。由于催产素对群际偏好、民族中心主义的作用需要进一步探索，缺少对催产素在友谊关系上的研究。本研究采用了内群体和外群体以及朋友和陌生人两种关系，对比验证。第二项研究是在第一项研究的基础上更进一步的验证，并探讨相应的神经机制。实验结果进一步验证了催产素效应的情境因素，表明社会关系在其中起到重要的调节作用。

（2）在研究对象上，尽管近年来对鼻喷催产素的研究更加广泛，但已有研究大多只涉及单一男性被试，或少数研究只涉及女性被试，而越来越多的研究发现，催产素对男性和女性被试影响存在差异。本研究两项实验均招募男性被试和女性被试完成实验，探究催产素作用的性别差异。两项实验结果并没有一致地表现出催产素作用的性别差异，具体原因有待进一步的研究。

（3）在研究手段上，对催产素的研究大多集中在行为实验，主要关注它对社会行为的影响，对于脑机制研究相对比较少，较少探讨其影响行为的生理和神经机制，或样本量偏小。因而在第一项行为研究的基础上，第二项实验中采用了磁共振与行为实验相结合的方法，同时对比两种研究手段是否对催产素作用有影响。这种实验设计既有利于任务的完成，同时也在科学研究的可重复性上有所发展。结果显示出了相似的催产素效应但同时也有不一致的结果。这可能是由于实验环境差异导致的被试心理状态差异，这也给我们提供了今后的研究方向。

（4）此外，已有研究主要关注催产素的短期作用，尤其是单次使用鼻喷催产素的效应，对催产素的长期作用研究较少。本实验初步探索了鼻喷一周后的催产素效应，今后有待进一步的研究。

1.6　结构安排

本书共分为五章，具体章节结构安排如下。

第 1 章首先总体论述了本研究的研究背景、相关理论、问题提出、研究意义以及主要创新。其重点是结合目前催产素研究的已有发现和不足之处，提出本文研究问题和研究方法，即将催产素对社会奖赏加工的作用作为我们研究的重点，主要探讨其情境性和性别差异。

第 2 章对催产素的研究作了综述和梳理，重点描述了催产素对社会行为调节作用的情境性。主要包括催产素的研究方法、催产素的动物研究、催产素的人类研究、催产素作用的神经机制、催产素与精神疾病、催产素的情境效应与个体效应。在论述催产素的人类研究时，我们将催产素的研究领域分为信息加工、社会关系、社会决策、焦虑情绪四个部分。

第 3 章和第 4 章分别详细论述了人类健康被试鼻喷催产素的两项研究。其中，第 3 章论述了第一项实验，研究内容为"群际关系对催产素作用的调节作用"。第 4 章论述了第二项实验，研究内容为"人际关系对催产素作用的调节作用"。每一章中分别具体描述了该研究的研究背景、问题提出、研究目的和假设、实验设计、实验结果、分析以及结论。研究背景主要描述了该实验的理论背景和研究现状，进而提出本实验的研究问题和研究假设，实验设计包含了被试、流程和范式、统计方法，实验结果分为问卷结果、行为结果和磁共振结果。最后基于统计结果和已有理论或实证研究进行分析和讨论。

　　第 5 章对进行总结分析，总体阐述了催产素作用的情境效应和性别效应，对研究结果中的一些重要问题进行解释。最后，结合目前的研究态势和本研究的不足之处提出相关问题以及进一步的研究设想。

第 2 章　催产素的研究综述

本章为催产素研究综述，将依次介绍其研究方法、重要动物研究历史和人类研究，回顾迄今为止发表的关于催产素对社会认知行为影响的研究结果，试图更广泛地探讨催产素的情境效应与个体效应。

2.1　催产素的概述

催产素的研究有漫长的过去，最早开始于 20 世纪初。"催产素"一词来源于希腊语"okytokine"，字面意思是"快速出生"。这是由于科学家首先发现了它在诱导孕妇分娩和子宫收缩上的生理功能，并因此命名。

催产素又名缩宫素，是一种哺乳动物激素，是一种由 9 个氨基酸构成的天然产生的神经肽（见图 2-1）。它主要由下丘脑室旁核和视上核合成，经视上核和室旁核的大细胞神经元轴突投射到垂体后叶，被储存起来供外周释放的一种垂体肽类激素，调节外周系统的活动。大细胞的长程轴突神经元同时投射到前脑的几个区域（包括中央杏仁核和伏隔核）进行中枢释放，包括前额叶皮层、弓状核和海马，传递到大脑的几个特定部位，在那里它可以调节各种行为（Busnelli and Chini，2018）。催产素受体在许多大脑区域高表达，包括皮质和边缘区域，以及脑干。

催产素作为一种重要的神经调节物质，可以同时作用于外周神经系统和中枢神经系统。在外周神经系统，催产素主要作为激素起作用，促进产妇生产时收缩子宫或分泌乳汁。而对于中枢神经系统，催产素则会影响个体社会行为，起到神经递质的作用。从广义上讲，社会互动和催产素似乎是通过一个反馈回路联系起来的，在这个循环中，特定的社会情境（例如，亲子互动、协同社会行为和身体接触）促进了催产素的释放，而催产素一旦释放就会进一步调节社会认知和行为（Chen，Heinrichs，and Johnson，2017）。

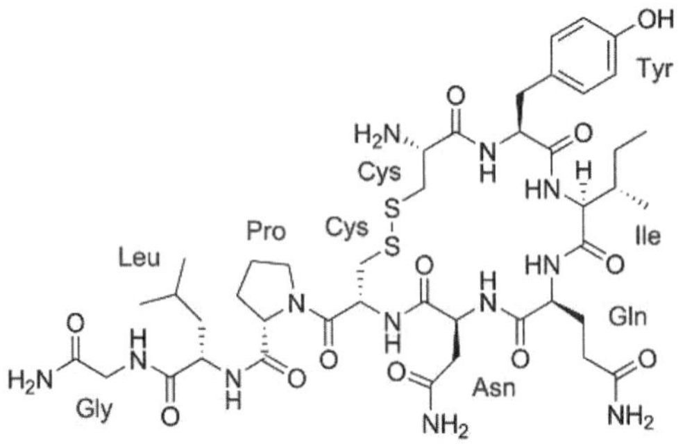

图 2-1　催产素

2.2　催产素的研究方法

催产素的研究包括动物研究和人类研究，我们主要关注催产素在人类被试上的研究和应用。一般而言，研究催产素对人类社会行为的影响通常会用到以下几种方法。

第一种方法是直接测量血液或唾液中的催产素含量（Terris et al.，

2018）。测量内源性外周催产素水平是一个有用的工具，可以与具体的社会行为或人格特征水平建立相关，探究内源性催产素含量与个体行为之间的相关关系（Mohiyeddini，Opacka-Juffry，and Gross，2014）或探究一定实验操作对后续血液或唾液中催产素含量的影响（Smith et al.，2013）。其内在逻辑是，催产素系统的失调是由环境、遗传或表观遗传因素驱动的，反之，与一定生理刺激相关的密切社会互动也会激活中枢催产素的释放，并影响个体行为反应。尽管目前一些学者对于催产素的外围测量值与中心测量值的关系提出了质疑，但来自解剖学和功能性的证据都表明两者之间存在一定联系，并且这种测量方式和研究方法有潜在的优势。研究对象可以在不同的社会环境中反复取样，因此，可以同时考虑几种激素对个体行为的共同作用或差异作用，也可以将催产素随时间的变化与行为反应综合考察。更重要的是，通过识别与内源性催产素释放相关的社会环境和干预手段，可以为发展催产素相关的行为疗法提供思路。

第二种方法是通过基因型分析（genotyping）考察催产素受体的基因多态性，并与具体的社会行为建立相关（Chen et al.，2011），探究不同基因型个体的特质差异或行为差异，考察基因和环境作用的交互作用。催产素受体（OXTR）基因的变异可能会影响一个人对鼻喷催产素的反应，可能解释了人类大脑的固有功能活动及相关的社会行为的个体差异，也是外源催产素研究中需要考虑的一个个体差异。研究最多的位点有 rs2254298、rs2268498 和 rs53576，它们是与人类社会行为和精神病理学有关的最常见的变异（Seeley，Chou，& O'Connor，2018）。

第三种方法是外源性的方法，例如最常见的鼻喷催产素方法。鼻内给药催产素是改变催产素在人体中心作用的最直接、安全、无创、有效的方法，这种方法也使催产素成为一个有吸引力的治疗手段。具体来讲，对健康个体或有自闭症、抑郁症等障碍的个体使用一定剂量的合成鼻喷催产素或等量安慰剂，剂量可以在 8 IU 和 50 IU 之间，通常为 24 IU 或 40 IU，IU 是临床药物计量国际单位。一段时间之后进行行为实验或眼动、脑成像实验任务（Spengler et al.，2017）。时间通常为 30 ~ 45 min，此时血浆催产素达到峰值水平，催产素发挥最大效用。这种影响最多持续约 1 h，在此期间维持高水平的催产素，可以进行实验操作。这种方法的理论基础是基于经鼻给药后，催产素可经鼻黏膜毛细血管吸收进入体循环，并可能会穿过血脑屏障进入中枢神经系统。另外，经鼻给药催产素可以绕过血脑屏障直接进入脑实质和细胞外液。其中，鼻喷催产素后等待时间的确定基于催产素作用的时间进程，包括鼻喷催产素对大脑活动变化的影响和脑脊液催产素浓度变化，30 ~ 45 min 是多数研究使用的重要时间节点。使用鼻喷催产素的研究表明，大脑内的催产素不仅仅受社会互动调节，其反过来调节社会行为和认知（Meyer-Lindenberg et al.，2011）。神经药理学研究表明，从鼻腔喷入的催产素能够直接越过血脑屏障，作用于与社会行为密切相关的脑区（Born et al.，2002）。通过操纵大脑中枢神经系统中的催产素含量的干预方式，来达到控制实验条件的目的，考察催产素对个体行为的影响及相应的神经机制，能够与其考察的社会行为建立因果关系。本文的两项研究都采用了外源性鼻喷催产素的方法。实验通常采用双盲法，并使用被试内设计（被试按照随机顺序先后使用催产素或安慰剂）或被试间设计（被试被随机分到实验组使用催产素或分到控制组使用安慰剂），分别从鼻腔喷入等量催产素或安慰剂。喷入鼻喷催产素（或安慰剂）后被试需要完成一定的任务操作，以此来测量催产素对行为反应的改变或脑功能变化。此外还可以测量鼻喷催产素后大脑的静息态活动，探究静息状态下催产素对脑功能与脑网络连接的调节作用。

2.3　催产素的动物研究

大量动物实验研究了催产素在动物基本行为中的作用，涉及了从鱼类、鸟类到啮齿动物和灵长类动物等各种物种的动物模型研究。在不同的类群和物种中，哺乳动物的催产素有几个同源物，因此，可以为哺乳动物尤其是人类研究提供具有价值的参考。

早期的动物研究关注催产素对啮齿类动物的母性行为的影响。雌性动物在分娩时会释放催产素，诱发一系列的母性行为，如筑巢行为、舔舐幼仔、母性攻击等（Bethlehem et al.，2013；Kendrick，Keverne，and Baldwin，1987；Pedersen and Prange，1979）。向绵羊脑室内注射催产素可以促使未怀孕的雌性绵羊表现出母性行为（Kendrick，Keverne，and Baldwin，1987）。一项对新生草原田鼠的研究采用了外源催产素，发现了与剂量和性别有关的效应。具体来说，外源催产素增加了新生草原田鼠在成年后的助亲行为。并且其接受的催产素剂量越大，它们对其他动物幼崽表现的亲代关爱行为就越多（Bales and Perkeybile，2012）。不仅如此，催产素还会影响动物交配行为。草原田鼠也适用于针对催产素的动物研究，它们为了在栖息地生存和繁殖，会表现出选择性的社会偏好。通过向脑室内注射催产素可以诱导雌性田鼠的配对行为，通过使用伏隔核和前额叶皮层中的催产素受体拮抗剂可以降低配对行为（Bosch and Young，2018）。

催产素摄入的影响并不局限于动物配偶关系和育儿行为，还影响社会趋近与回避行为。例如，早期的催产素暴露会增加草原田鼠的攻击性行为，这种反应同样受到社会环境的调节，并且雌性田鼠和雄性田鼠间存在差异（Jia et al.，2008）。催产素减少了雄性间的攻击性以及非攻击性的社会互动和社会探索（Calcagnoli et al.，2013）。另外，通常来讲，被打败的雄性老鼠会表现出较高水平的动物社交焦虑和社交回避。而催产素消除了这种由压力引起的社会回避，使老鼠表现出更强的社会接近行为（Lukas et al.，2011）。暴露于受胁迫的笼内伴侣增加了前扣带皮层的活动，并且注入该区域的催产素受体拮抗剂消除了同伴梳理反应（Burkett et al.，2016）。与此相同，慢性鼻内催产素可以增加大鼠的亲社会行为（Yamagishi，Lee，and Sato，2020），逆转雌性草原田鼠因压力引起的社交回避（Hale，Tickerhoof，and Smith，2021）。在群际冲突背景下，催产素能增加动物对与自己基因相关或文化相似的群体内其他个体利益的关注，抵御外来入侵者，对敌人发起攻击行为。在一系列群居脊椎动物中，催产素可以诱导群居动物在群居竞争中表现出照顾和保护群居动物的攻击性行为（Triki，Daughters，and De Dreu，2022）。

近年来，催产素的动物研究涉及了较为高级的动物，比如狗、恒河猴，以及多样的行为，例如配偶关系（Carter，Devries，and Getz，1995）、恐惧习得（Hou et al.，2015）、亲密关系（Romero et al.，2014）、社会记忆（Ferguson et al.，2001；Ferguson，Young，and Insel，2002）。在猪等其他物种中也发现催产素似乎通过调节应激反应而改变了社会行为的发展。例如，接受催产素的猪表现出更强的攻击性和对攻击性的更强烈反应（Rault et al.，2013）。

不仅如此，催产素动物研究的主题也更加多样。外源性催产素增加了狗对不公平结果的耐受性，还会影响决策时间和对社交伙伴的注意力，但不会影响狗的归属感水平。这些发现表明，催产素可能会影响狗的决策能力（Romero et al.，2019）。近几年也有一些动物研究关注了人与动物的互动行为，研究发现，使用了催产素的完整狗对人脸的凝视行为有所增加，但这种差异在绝育狗上面则没有（Dzik et al.，2020）。催产素可以增加狗对人类的寻求接触和亲近行为，对社交威胁的反应更友好，但只对那些催产素基线表现较低的狗有效。相反，催产素基线表现较高的狗在使用催产素后，对社交威胁的反应更恐惧。这些结果表明，与人类类似，催产素对狗的社会行为的影响并非普遍积极，而是受个体特征和环境的限制（Turcsán et al., 2022）。有些研究没有得到类似的结果，比如一项实验表明，在遛狗和人狗互动后，狗的催产素浓度与之前并没有本质上的差异。此外，人与狗之间的关系强度并不影响催产素的浓度（Powell et al., 2019）。这些动物研究的发现强调了在研究催产素的作用机制时纳入一些调节因素的重要性，比如动物品种、性情和绝育状况，更重要的是为后续在人类被试上研究催产素奠定了基础。

研究者还使用动物功能磁共振进行了更深入的研究。静息状态功能神经成像研究发现，鼻喷催产素可以影响恒河猴大脑区域之间的功能连接，比如增加脑岛—腹侧纹状体前扣带回—右侧杏仁核等脑区之间的功能连通性，降低前扣带回—脑岛和脑岛—杏仁核之间的功能连通性，表明催产素调节哺乳动物社会刺激的显著性和奖赏性（Parr, Mitchell, and Hecht, 2018）。尽管现阶段有各种催产素的动物研究，但我们关注的是催产素对人类而不是动物的社会影响。接下来主要论述催产素的研究现状，尤其是催产素在人类被试上的研究发现。

2.4　催产素的人类研究

目前对催产素的人类研究主要关注其对中枢神经系统的影响，研究发现，催产素会影响一系列的人类社会认知、情感和行为，涉及社会信息加工、社会关系、社会决策、焦虑情绪等多个方面。到目前为止，催产素对人类社会认知和行为的影响已经在一些综述和元分析中被总结。为了更好地理解催产素在人类中的社会影响，我们更为关注的是外源催产素的实验研究（例如，通过鼻内注入合成催产素），但同时也会涉及内源性催产素研究。

2.4.1　信息加工

社会认知通常指构成社会互动基础的多重综合心理过程，又被称为社会性信息加工，是人类一系列社会行为的基础。社会性信息加工包括对社会刺激注意和感知以及综合的解释，分为较低阶的自动过程和较高阶的有意识控制的加工过程（Evans，2007）。正常的社会认知能力对于准确理解社会线索和促进社会互动至关重要。研究发现，催产素影响一系列的社会信息加工过程，包括面孔加工、情绪识别、社会记忆等。

早期研究发现，催产素能够提高个体对生物运动的识别，对于非生物运动则没有作用，这提示了催产素可能选择性地调节了人们对社会性刺激的知觉（Kéri and Benedek，2009）。在注意处理的早期阶段，催产素在调节注意转移到社会性线索方面起着重要作用（Shamay-Tsoory and Abu-Akel，2016），并且进一步研究发现催产素对促进人们对社会线索的关注与刺激的群体属性无关（Pfundmair et al.，2017）。催产素影响社会性刺激对个体的唤醒（Norman et al.，2011），并且当面对社会性相关刺激时，大脑相应脑区活动会变强（Kirsch et al.，2005）。最新研究发现，催产素虽然不会影响内感受的信号处理本身，但是它可能会将注意力从内部信号转移到外部凸显的社会线索上（Yao et al.，2018）。这些研究结果同样支持催产素研究中对社会性线索而不是非社会性线索的关注。

但相继也有一些证据显示，催产素的作用与刺激是否具有社会属性无关，可以调节与个人相关的社会和非社会刺激的反应。有研究发现，催产素减少了对情绪唤起的消极社会和非社会刺激的行为回避（Harari-Dahan and Bernstein，2017），或者社会性刺激和非社会性刺激之间没有差异（Theodoridou，Penton-Voak，and Rowe，2013）。例如，在消极情绪与动机的被试中，催产素减少了对社会和非社会负效价刺激的行为回避。这提供了重要的证据，证明催产素对回避相关倾向的调节不仅限于情绪唤起的社会刺激，而且也会延伸到非社会刺激（Harari-Dahan and Bernstein，2014）。催产素增强神经对高度个人相关的社会和非社会刺激的处理及趋近行为，特别是对社会和非社会性质的负性刺激（Alaerts et al.，2021）。催产素还可以减少刺激社会属性感知。例如，当让女性被试观看随机运动几何图形动画或社交互动几何图形动画，并判断形状是否为"朋友"时，催产素抑制了与社交注意力相关的神经活动，表现为早期视觉皮层和背侧运动区的激活减少。催产素还减少了对"朋友"或"非朋友"形状的认同，并且与神经活动的减少有显著的相关（Hecht et al.，2017）。

人脸识别是人类社会认知形成和神经发育的重要指标，是社交活动的基础。催产素可以提高人脸识别能力。例如，在面孔记忆编码前 40 min 使用催产素，可以提高识别之前学习到的面孔的成绩，而催产素处理对非社会刺激似乎没有影响（Rimmele et al.，2009）。然而，催产素也可能并非提高了面孔识别的准确性，而是产生了更自由的反应偏差，因而可能在某些情况下反而阻碍人脸识别准确性。在一项双盲实验中，被试完成一项包含有靶标和无靶标的陌生面孔识别的面孔识别测试。在有靶标的试验中，使用催产素的被试表现优于使用安慰剂的参与者，但在没有靶标的试验中更容易出现假阳性错误（Bate et al.，2015）。此外，关于不同种族的面孔识别加工，研究发现，催产素可以调节面孔加工早期相关脑区对内群体和外群体面孔的个性化加工（Liu，Wang，and Li，2022）。

一系列关于催产素对面孔加工研究显示，催产素促进个体对来自面孔，尤其是眼睛区域的信息的识别加工。催产素提高个体对他人面孔中眼部区域的注视，与安慰剂组的被试相比，使用催产素的被试对面孔中眼睛区域的注视次数和注视时间都有所增加（Guastella，Mitchell，and Dadds，

2008）。更进一步，催产素提高个体社交过程中与他人的目光接触
（Auyeung et al.，2015）。在一项随机双盲重复测量交叉设计研究中，被
试在间隔两周的两次测试时分别接受了鼻内催产素或安慰剂。结果表明，
初次任务中催产素增加了对亲子互动、情侣互动及非社交照片时刺激的瞳
孔扩张程度，并导致注视集中到图片中人物的眼睛和身体区域，但在随后
第二阶段两组被试的瞳孔扩张和注视时间均显著下降。这种遗留效应表明，
初次接触社会刺激时的催产素治疗，或许可以决定这些刺激后续的处理情
况，此效应有待进一步的检验（Eckstein et al.，2019）。催产素增加人们
对面孔，尤其是面孔眼睛区域的注视，这可能是催产素增强人类情绪识别、
人际交流，改善社交行为的内在机制之一。这也说明，催产素可能在治疗
以回避目光接触和面孔加工缺陷为特征的社交焦虑等障碍方面发挥作用。

催产素还对情绪面孔的注意选择具有调控的作用。通过隐蔽的面部表
情感知他人的情绪是一种非常重要的社交技能。研究表明，催产素可以提
高被试对隐藏情绪面孔的瞳孔放大反应和敏感性，且情绪敏感度低的被试
在使用鼻喷催产素后改变更明显（Leknes et al.，2013）。催产素可以提高
个体在面孔加工前期对积极情绪面孔的注视，具体表现为在点探测任务中，
催产素组在面孔刚呈现时（100 ms），注意明显偏向于快乐的面部表情，
然而对于更长的呈现时间的探测（500 ms），催产素的作用消失（Domes et
al.，2013）。催产素还可以提高对情绪性线索的定向注意，包括高兴和恐惧，
但对中性表情没有发现影响（Tollenaar et al.，2013）。另一方面，催产素
对消极情绪面孔的加工有重要的调节作用。它可以降低抑郁特质个体忽视
与任务无关的悲伤面孔的能力（Ellenbogen et al.，2013），促进对令人厌
恶的社会性刺激的保护性反应，加强厌恶刺激伴随下的惊跳反射（Striepens
et al.，2012），增强被试应对愤怒直视面孔的能力（Radke，Roelofs，and
de Bruijn，2013）。这些催产素效应的发现，对于将催产素运用于社交焦

虑等症状的改善有重要意义。

社会认知的一个核心组成部分是情绪识别，准确感知他人情绪有助于个体理解他人的感受和意图，更好地参与社会互动。大量的研究发现，催产素除了可以调节对特定面部线索或情绪的注意，还可以增强总体面孔情绪识别能力或特定面孔情绪的识别能力（Shahrestani, Kemp, and Guastella, 2013）。研究发现，人们使用催产素后在识别面部表情和情绪方面明显表现更好（Van Ijzendoorn and Bakermans-Kranenburg, 2012）。一些实验发现，催产素对情绪的识别是有选择性的，它主要提高个体对正性情绪，如高兴情绪的识别，而对于负性情绪，如恐惧等等情绪识别能力反而会削弱。例如，研究发现，催产素选择性地提高了被试对快乐表情的识别能力（Marsh et al., 2010），降低了对恐惧面孔的识别，同时被试更可能把模棱两可的面孔知觉为正性，这有利于通过改变对模糊社会刺激突显性的加工来促进合作和趋近行为（Di Simplicio et al., 2009）。但是另外一些证据表明催产素在面孔情绪上的作用并不一致，甚至得到相反的结果。在实验中被试观看视频中的面孔，该面孔逐渐由中性表情转化为基本表情（快乐、悲伤、愤怒、恐惧、惊讶和厌恶），结果发现，催产素只加强了被试对恐惧面孔的探测能力（Fischer-Shofty et al., 2010）。动态情绪的识别研究同样发现了催产素的作用。面孔情绪识别成绩的提高伴随着与任务相关的瞳孔扩张的增加，这意味着使用催产素情绪识别的改善受益于注意力资源的增加（Prehn et al., 2013）。综上所述，鼻喷催产素只在特定的环境下、一定的范围内改善情绪识别能力。

催产素还影响对社会性刺激的记忆。有人类研究发现，相对于非社会性刺激，催产素只增加了对社会性刺激的熟悉感，并且其作用与刺激材料的效价无关（Rimmele et al., 2009）。也有研究发现，催产素的确能够影响社会性记忆，但是催产素对不同效价的社会性刺激的作用目前还存在争议，可能仅促进高兴面孔的编码（Guastella, Mitchell, and Mathews, 2008），或生气和中性面孔的记忆（Savaskan et al., 2008）。此外，有研究发现，催产素对社会性记忆的影响存在个体差异。高依恋焦虑个体在催产素的作用下对母爱行为的回忆更少（Bartz et al., 2010）。总之，目前研究发现，催产素对社会性记忆的影响结论不一致，催产素对社会性记忆的影响会受到记忆测验的性质（如记忆阶段或内容效价）、催产素作用阶段、被试的人格特质等因素的影响。

关于面孔的熟悉程度、吸引力和情绪状态等有社会意义的信息可以通过面孔感知与识别获得，塑造个体参与社会交往的行为模式。一些实验引入了更多的变量，来考察催产素对面孔情绪加工的影响。在催产素的作用下，相比控制组的机器接触，他人接触可以显著提高个体对高兴面孔的吸引力评价，降低对生气面孔的评价（Ellingsen et al., 2014）。在联想学习任务中，当将面孔与金钱奖励进行关联，催产素可以降低对愤怒面孔的厌恶（Evans, Shergill, and Averbeck, 2010）。此前一项研究发现，当面孔与电击相结合时，催产素可以减少对与电击相结合的面孔的负性反应（Petrovic et al., 2008）。研究还发现，催产素对面孔的识别影响与个体因素有关，例如，催产素降低对面孔敌意的知觉，而该影响作用依赖于面孔情绪及个体个性特征（Hirosawa et al., 2012）。还有研究发现，催产素对同性恋和异性恋男性面孔加工的影响是不同的（Thienel et al., 2014）。

自我加工是社会交往活动中另外一个重要方面，因为个体处理社交信息以及对外部社会环境的反应需要以自身为参照。关于催产素对自我加工相关过程影响的研究相对不足。催产素可以影响自我加工的过程，改变个体对人格的自我认知，从而影响社会行为（Colonnello and Heinrichs, 2016）。一些证据表明，催产素可能会减弱对负面自我信息的处理，促进更积极的自我认知的产生，增强对自己的积极态度。催产素促进了个体在内隐联想任务中将自我相关词汇与积极形容词联系起来的倾向（Colonnello and Heinrichs，2014），在自我报告问卷中倾向于用积极的人格特征评价自己（Cardoso，Ellenbogen，and Linnen，2012），并且可以增加个人记忆的数量，尤其是对积极的社会记忆的信息提取（Cardoso et al.，2014），并且降低个体对消极社会评价的主观评价和厌恶程度（Wang and Ma，2020）。

催产素可以提高面孔变形任务中个体区分自我和他人之间差异的能力，在各种变形条件下区分自己和他人的面部特征方面变得更容易，并且增加了对他人面孔的积极评价（Colonnello et al.，2013）。进一步研究发现，催产素增加了自我和他人面孔的区分能力，尤其是对成人面孔而言，并且与自我面孔加工时大脑视觉区和的额下回神经活动增加有关（Wang，Wang，and Wu，2022）。一项关于疼痛感知的研究证实了催产素在增强自我—他人区分的作用。在这项研究中，催产素使个体对自我和他人的疼痛刺激的可视化表现出不同的反应。他们认为想象自己经历的疼痛比想象他人经历的疼痛压力更小（Abu-Akel et al.，2015）。在对比自我导向型学习和他人导向型学习时发现，催产素降低了自我导向型奖励学习（Liao，Huang，and Luo，2021）。然而，另外一些任务中，催产素模糊了自我与他人的差异（Zhao et al.，2016）。后续的研究发现，催产素使他人参照预测时的眼动模式与自我参照预测时的眼动行为接近，并且导致个体更强烈地模仿同伴的行为，表现出一种内隐的自我—他人融合倾向（Pfundmair et al.，2018）。

此外，很多研究关注了催产素与共情之间的关系。共情是一种多因素结构，包括采用他人视角，识别或推断他人心理状态的认知能力，以及间接体验他人情绪情感的过程（Shamay-Tsoory，2011）。共情的认知成分和情感成分共同构成了理解和预见他人行为的基础，并在社会互动中反映个体社会功能（Walter，2012）。

理解他人的观点也依赖于识别自我—他人差异的能力。在初级知觉加工的水平上，催产素提高了视觉换位思考能力，从而影响了认知水平上的自我—他人区分，但对知觉运动水平上的自我—他人区分没有影响，在测量注意力重定向的控制任务上没有影响（Tomova，Heinrichs，and Lamm，2019）。在更高的加工水平上，催产素影响观点采择能力（Theodoridou，Rowe，and Mohr，2013），还在一定程度上提高心智化能力，即能够推断他人的精神状态的能力，比如在眼睛读心测验（Reading the Mind in the Eyes Test，RMET）中推断他人情感状态的能力（Domes et al.，2007）。

有研究表明，催产素可以提高个体在面孔共情（Multifaceted Empathy Test，MET）等任务中的共情反应（Geng et al.，2018；Hurlemann et al.，2010），并且催产素受体基因的多态性可以解释共情表达的个体差异（Huetter et al.，2016）。关于催产素对共情能力影响的结论性研究相对较少，并且较少探讨催产素可能通过何种机制影响共情，以及催产素是否有选择地促进特定情绪的共情。一项眼动研究评估参与者在观看诱导共情的视频片段时对社会相关信息的注意，其中，主角在视频片段中表达了悲伤、快乐、痛苦或恐惧等不同情绪。催产素增强了对恐惧的情感共情，同时增加了对不同情绪下面孔眼睛区域的注视时间。然而，眼注视模式与情感共情之间没有相关关系，表明尽管催产素影响眼睛凝视和对恐惧的情感共情这两个系统可能是独立的（Hubble et al.，2017）。共情与自我—他人区分与整合的认知加工能力也有关。一项新的研究利用事件相关电位技术探讨了催产素对悲伤表情的共情反应的自我—他人区分能力的影响。实验需要被试评估面孔刺激所显示的情绪状态（其他任务）或评估他们自己的情绪反应（自我任务）。在"自我任务"中，催产素与P2振幅的降低有关，而在"其他任务"中，催产素与P2振幅的增加有关，表明催产素有利于自我与他人的整合（Yue et al.，2020）。

然而有些研究结果不完全支持催产素对共情的促进作用。在一项抛球游戏中，当个体观察到他人在游戏中被排斥时，与心智化有关的脑网络会被激活。然而，催产素的作用使个体会向排斥者而非受排斥者扔更多的球，因为后者会被认为更有可能获得回报以实现经济利益最大化，却不符合共情的行为导向（Xu et al.，2019）。一篇最新的综述探讨了共情与催产素之间的联系。通过对 44 项研究进行回顾，发现总体上讲，内源性催产素基线水平与共情特征之间缺乏关联，而催产素反应仅与共情功能之间存在相关的趋势，并且其积极作用主要是在共情的情感领域。目前的研究结果支持不同的共情类别有不同神经基质而非动态整合系统（Barchi-Ferreira and Osório，2021）。

过高的威胁敏感性是多种精神疾病的一种共同特征。催产素已被证明可以促进动物恐惧消失，提高威胁处理能力，减少与恐惧相关的行为表现。然而在一项人类被试实验中，鼻喷催产素显著增加了健康个体对威胁刺激的惊吓反应。在健康的人类中，催产素似乎主要影响了威胁刺激的突显性，这可能表明催产素在人类唤醒起着重要作用而不是行为反应（Leppanen et al.，2018）。事实上，研究调查催产素对威胁刺激的趋近和回避反应的研究较少，需要有更多的研究来支撑这样的结论。

2.4.2 社会关系

社会关系是人类社会生活的重要部分。有关催产素如何影响社会关系的研究主要关注其对亲子关系、夫妻关系和群体关系，以及其他社会关系的调节作用。

催产素对我们理解母婴关系及亲子关系至关重要。众所周知，有效的父母看护会增加后代的存活率和发展结果。有关催产素对人类亲子关系影响的研究发现，孕妇产前和产后的催产素水平的上升会提高亲子依恋水平，同时降低产后的应激反应（Nelson and Panksepp，1998）。催产素的水平与母婴关系或依恋之间存在显著联系（Galbally et al.，2011）。同时，父母与婴儿的互动或亲密行为会提高体内催产素水平。对父母使用单剂量的鼻喷催产素后发现可以增强父母对婴儿的生理、激素和行为的准备，调节父母与婴儿的距离，增强互动，同时也能调节婴儿对社会交往的准备程度，这一结果也反映在婴儿的唾液中催产素水平上（Weisman，Zagoory-Sharon，and Feldman，2012）。一项综述研究表明，综合分析了父母与婴儿游戏以及肌肤接触来研究催产素在早期亲子关系和育儿过程中的作用，结果表明，亲子接触与婴儿的催产素水平呈正相关（Scatliffe et al.，2019）。

近年来有研究探讨催产素对成人，尤其是父母在婴儿面孔加工过程中的作用。催产素可以显著增强父亲观看自己孩子图片时尾状核、背侧前扣带等大脑中涉及奖赏的区域的激活，提高了人类父亲的同理心和注意力（Li et al.，2017）。对未生育过的女性，催产素的使用一样可能会增强对婴儿面孔的注意分配，表现为更高的P300 ERP（Rutherford et al.，2017）。同样是对未生育过的女性，催产素使后腹侧被盖区、壳核和杏仁核等奖赏区的激活减少（Bos，Spencer，and Montoya，2018）。催产素增加了婴儿母亲对面孔敏感的ERP反应，但是这种增强效应对婴儿面孔更为明显的假设没有得到支持（Peltola，Strathearn，and Puura，2018）。

催产素在选择性社会依恋形成和维持中意义重大，除了促进更亲密的亲子关系外，也有利于维持伴侣间的浪漫关系，以及积极的配偶关系的建立和维持。对于人类的恋爱来说，刚刚建立恋人关系的个体比单身时催产素含量更高，并且此时的催产素水平对半年后的亲密关系具有预测作用（Schneiderman et al.，2012）。还有研究报告，催产素含量与配偶之间的依恋程度呈正相关（Tops et al.，2007），高浓度的催产素水平意味着个体对伴侣的回应和感激有更好的感知，并且具有更丰富的爱情体验（Algoe，Kurtz，and Grewen，2017）。如果经常与配偶拥抱或者接触，个体的血浆催产素水平会更高（Light et al.，2005）；并且配偶关系越亲密，则配偶之间的亲密接触越能提高血浆催产素含量（Grewen et al.，2005）。

外源催产素的研究发现，催产素的多种作用共同促进了伴侣关系的稳定性。催产素可以增加夫妻冲突中夫妻之间有建设性的积极交流，并降低唾液中的皮质醇含量（Ditzen et al.，2009）。此外，催产素会加大有伴侣的男性与其他陌生女人的私人空间距离，这一行为有利于伴侣关系的维护（Scheele et al.，2012）。催产素还会增加对自己整体伴侣关系特征的正面评价，但不会增加对他人伴侣关系的评价（Aguilar-Raab et al.，2019）。伴侣支持可以降低电击的不愉快感，而催产素可以进一步降低这种不愉快感，同时降低前脑岛的神经反应，增加额中回神经反应以及前脑岛和额中回之间的功能耦合，即催产素通过减少与疼痛相关的神经活动，增加与认知控制和疼痛抑制相关的神经活动，放大了社会支持缓解伴侣痛苦的有益影响（Kreuder et al.，2019）。催产素可以减少因想象或现实伴侣不忠而引起的嫉妒，这有助于伴侣关系维持（Zheng et al.，2021）。催产素降低了对母亲的依恋关系，这表明催产素通过将注意力从他人身上转移来影响关系的特异性，但这是在浪漫依恋的敏感时期。同时，催产素还能降低对陌生人的吸引力，改变了被试的社会性态度和对伴侣忠诚的信任，并不影响与浪漫伴侣的亲密度或吸引力（Freeman et al.，2021）。催产素降低能言善辩的男人对女人的吸引力，通过增强认知决策相关脑区的活动，同时削弱奖赏相关脑区的活动，促进更有可能提供长期关系的伴侣的选择（Gao et al.，2022）。

有趣的是，催产素似乎也促进了内群体和外群体成员之间的区分。关于内隐关联任务（De Dreu et al.，2011），以及一个面部判断任务的事件相关电位研究（Sheng et al.，2013）等研究都揭示了在内外群体对立时催产素对内群体偏好的作用，包括增加民族中心主义、共情反应偏差、狭隘利他主义。当群体间存在竞争时，人们经常将所属内群体与其他竞争群体进行比较，这种群体间的社会比较似乎与内群体偏爱现象相一致。催产素使个体与外群体成员而非内群体成员玩耍时，与弱势群体比较的接受率更高，与优势群体比较的接受率更低，表明催产素增加了群体内外的组间社会比较（Kim et al.，2021）。

催产素可以改善个体依恋的状态和特质，促进依恋体验。一项研究发现，大剂量的催产素摄入降低了男性个体的依恋回避水平，提高其对同伴的依恋程度。并且，这种催产素的作用在那些对同伴缺乏安全依恋的个体中表现最为明显（Bernaerts et al.，2017）。社会排斥经常发生在日常社会交往中，并可能引发消极体验和各种心理健康问题。催产素虽然不会改变社会排斥后的被排斥感，但减少了社会排斥后的神经和情感反应之间的联系（Petereit et al.，2019）。失恋也是一种情感上痛苦的经历，催产素同样可以降低由于他人的拒绝引发的社会性痛苦，反映为降低的额中线 θ 波振荡和减弱的 θ 波功率和拒绝痛苦之间的联系（Zhang et al.，2021）。然而，在另一项模拟在线交流平台的女性被试研究中，社交拒绝导致女性被试与两个同伴合作的意愿较低。他人的负面反馈激活前扣带皮层和双侧岛叶和额下回；评估未来与他人合作的意愿激活楔前叶。然而，催产素似乎并没有改变人们对社会排斥的反应（Radke et al.，2021）。在另一项包括男性和女性被试的研究中，没有发现鼻内催产素能改善异性对陌生人的第一印象的证据，但是，我们发现对于排斥敏感性，催产素效应存在性别差异，与服用安慰剂的女性相比，服用催产素的女性在玩抛球游戏时情绪更积极，而在男性中则观察到相反的模式（Henningsson et al.，2021）。

其他一些社会关系或社会互动中，催产素也起到了较为积极的作用。

一项研究探索了催产素对个体接受帮助时的情感反应中的作用。在安慰剂组中，与控制组相比，接受陌生互动伙伴的帮助会产生负面影响，对自己和互动伙伴的看法更加消极。而催产素缓冲了这种由于接受帮助带来的消极的主观反应，并且催产素组的被试在对帮助的回应中表现出更高水平的愉悦和感激之情。总而言之，在接受陌生人帮助的情况下，使用催产素可以产生更多积极的情感和社会反应（Human，Woolley，and Mendes，2018）。不仅如此，催产素显著增加了触摸带来的愉悦体验和相应的眶额皮质奖赏脑区的激活。并且催产素对触摸诱发的眶额叶激活的作用大小也与血液中基础催产素的浓度呈正相关（Chen et al.，2020）。

2.4.3　社会决策

生活在高度复杂的社会环境中，我们在作出许多决定时都需要考虑实际的人际关系和社会背景。研究者采用了许多简单但是设计精巧的任务来在实验室环境中研究社会决策的规律。一系列的研究表明，催产素对社会决策有着广泛的作用，其影响集中于亲社会行为，如信任、慷慨、合作等多个方面旨在使他人受益的行为以及说服、公平攻击行为等领域（Piva and Chang，2018）。

人际信任对群体社会互动、合作和发展至关重要，也有助于确保群体之间和平共存以及互利互惠。但与之伴随的是可能的风险和损失。最早研究催产素影响人类的社会决策的实验运用了经典的信任博弈（trust game，TG）范式。研究发现，催产素显著增加了被试对他人的信任，在互动情境中愿意投资更多的金额以换取更多的回报（Berg，Dickhaut，and McCabe，1995）。研究者由此推论催产素增加了人们出于信任，在人际交往中承担社会风险的意愿（Kosfeld et al.，2005）。然而有一些后续实验无法复制类似的结果，最近一项复制实验发现，在最小社会接触条件下，催产素对信任行为没有影响，但在非社会接触条件下，催产素可能会增加低信任倾向的个体的信任水平（Declerck et al.，2020）。与最初的研究类似，有学者进一步发现催产素使个体在遭遇合作者的背叛后，仍然倾向于表现出信任行为（Baumgartner et al.，2008）。类似的，研究发现催产素对信任行为的促进作用可以延伸到更广的范畴，例如个人隐私信息的分享行为上（Mikolajczak et al.，2010）。

然而，催产素对社会决策的作用同样依赖于一定的情境，当存在对方不可信的信息时，催产素反而降低个体的信任水平（Mikolajczak et al.，2010）。后来有研究探讨了该影响的个体差异性，发现对于社会排斥压力所引起的负面情绪评价较高者，也就是对社会排斥更厌恶者，催产素更可能显著提高其信任感（Cardoso et al.，2013）。研究者将实验范式扩展到一个更现实的环境中，并探究了催产素影响信任的深层次神经化学系统。在一项旨在探索迭代社会学习的神经经济学任务（迭代信任游戏）中，催产素减少了成年男性被试反馈学习表现，并且催产素作用下学习能力的降低与奖赏回路中眶额皮质、杏仁核和外侧缰核三个关键节点之间的功能连接减弱有关。也就是说，催产素促进不合理的信任是由于在估计未来有利交互的概率时，低估了先前的负面经验的权重（Ide et al.，2018）。

人类经常参与复杂的人际合作，人类社会依靠大规模的合作来运转。因此，也有研究关注催产素对合作行为的影响，产生了丰富的研究成果。如囚徒困境（prisoner's dilemma，PD）任务中，当存在社会接触时，催产素能促进合作行为（Declerck，Boone，and Kiyonari，2010，2014）。并且催产素对合作的影响取决于社会环境和一个人的社会价值取向（Declerck et al.，2014）。催产素促进与内部群体的合作是直觉性的，独立于认知负荷（Ten Velden，Daughters，and De Dreu，2017）。催产素调节合作中的责任归因和假设资源分配，使个体的决策受所分配的利益大小影响（Yang，

Xu, and Li, 2020）。催产素可以增加人们对合作规范的信任和执行，而非提高对他人的信任，这解释了合作在整个社交网络中的传播（Li et al., 2022）。对于亲社会学习的进一步研究表明，低剂量的催产素可以防止亲社会行为随着时间的推移而下降，但是对自我导向学习没有影响。相对应地，低剂量催产素会增强亲社会学习涉及的中脑—亚属前扣带皮层通路，但高剂量反而会削弱该通路编码，表现出剂量依赖特性（Martins et al., 2022）。催产素受体基因与合作之间的联系可能部分是由于催产素受体基因影响涉及情绪识别、同理心／心理理论、社会交流和社会奖励寻求的大脑系统。

研究者还使用了最后通牒游戏（ultimatum game，UG）和独裁者游戏（dictator game，DG）等游戏任务研究催产素对公平行为的作用。在游戏中，分配者提出金钱分配方案，最后通牒游戏中接收者可以拒绝该分配方案则两人都无法获得钱，独裁者游戏要求接受者只能被动接受。研究发现，催产素可能通过降低对公平的敏感性来降低个体公平公正行为（Radke and de Bruijn, 2012）。还有研究发现，催产素只增加了分配者在最后通牒游戏中的慷慨程度（Zak, Stanton, and Ahmadi, 2007）。催产素同时也放大了对不合作个体的厌恶，例如增大了个体对搭便车者的愤怒情绪，最终增加了对搭便车这种自私自利行为的惩罚程度和频率（Aydogan et al., 2017）。当被试评估对自我和他人的货币分配时，在更亲社会的被试中，杏仁核活动表征了社会价值距离信号。催产素放大了这种杏仁核表征，使自私个体的神经活动模式变得更像亲社会个体，并增加了个人主义者的亲社会行为（Liu et al., 2019）。

此外，催产素可以提高公益广告的影响作用（Lin et al., 2013）以及催眠状态下的社会说服效果（Bryant and Hung, 2013）。其他一些研究发现，即使催产素可以改变知觉状态，但并不会改变具体的行为。比如有研究发现，催产素会提高被试对受害者的伤害的知觉感受，但并没有提高其惩罚犯罪者的倾向（Krueger et al., 2013）。

催产素增加了个体为了经济利益而不诚实的可能性，无论是为了个人或者内群体的利益（Shalvi and De Dreu, 2014），或在竞争环境中（Aydogan et al., 2017），当给予反复撒谎不被发现的机会时，催产素促进了最终一定程度上的谎言，通过虚报点数以获取更高的个人收益（Sindermann et al., 2020）。

催产素可能同时影响社会和非社会决策。一项研究同时考察了催产素对人类社会决策（不公平厌恶）和非社会决策（满足延迟和认知灵活性）的影响。在跨期选择中，催产素组的耐心比安慰剂组的耐心高。在有利不平等条件下，催产素增加了逆向学习中的认知灵活性和慷慨度（Kapetaniou et al., 2021）。此结果同样为我们探讨催产素作用不局限于社会性提出了新的例证，但其具体机制还有待进一步探究。

2.4.4　焦虑情绪

催产素系统是社会压力缓冲的基础，针对压力、威胁和恐惧存在抗焦虑效应（Miranda Olff et al., 2013；Rae et al., 2022）。研究表明，催产素在多种条件下可以降低焦虑。催产素和社会支持同时存在的情况下，个体表现出最低的皮质醇浓度，这表明催产素似乎能增强社会支持对压力反应的缓冲作用，以及在压力下增加冷静，同时降低应激反应（Heinrichs et al., 2003）。因而有学者相信，催产素的社会效应实际上与它的抗焦虑作用有关，由于个体心理压力降低进而促进了亲社会行为（Heinrichs and Gaab, 2007；Kumsta and Heinrichs, 2013）。事实上，啮齿动物和人类研究一致发现，对威胁刺激的感知增加了催产素的释放，催产素系统的激活调节了焦虑在行为上和生理上的表现（Neumann and Slattery, 2016）。在面对应激源时催产素能够减少杏仁核活性，增加副交感功能，并抑制下丘

脑 – 垂体 – 肾上腺轴（The hypothalamic–pituitary–adrenal axis，HTPA axis）活性，降低皮质醇与促肾上腺皮质激素的分泌（Engelmann，Landgraf，and Wotjak，2004；Neumann，2002）。

多项研究采用不同的方法从各个方面证明催产素具有抗焦虑的作用，包括静脉注射法、鼻腔喷入法、血液抽样法以及催产素受体基因检测。例如，研究者发现，催产素能够抑制与焦虑相关的促肾上腺皮质激素和皮质醇分泌，尤其是与社会支持共同作用，以应对社会压力（Ditzen et al.，2009；Heinrichs et al.，2003）。除了静脉注射与鼻腔喷入的研究外，研究者还发现血浆中的催产素与个体焦虑水平存在显著的负相关（Scantamburlo et al.，2007）。脑成像研究发现，鼻喷催产素可以调节面对威胁刺激甚至所有情绪刺激时的杏仁核激活（Domes et al.，2007；Kanat et al.，2015），进而影响情绪刺激处理并降低焦虑（Bethlehem et al.，2013；Kirsch et al.，2005）。

但是，尽管多数研究支持催产素的抗焦虑作用，由于研究结果的不一致，催产素对人类的心理应激和焦虑的作用依然存在很大争议。有研究认为这种作用只针对某些特质的个体，极少数研究发现，催产素与焦虑无关（Ditzen et al.，2007；Taylor et al.，2006）。研究中，催产素水平与焦虑程度不存在关联的研究结果可能是由于催产素使用和测量方法的差异、被试性别或个体特质引起的。一项研究中让被试进行公众演讲，并记录了多个时间段的皮质醇水平，结果显示，催产素组的皮质醇水平低于安慰剂组，但是这一效应只存在于情绪管理能力低的被试中（Quirin，Kuhl，and Düsing，2011）。此外，有研究表明，鼻喷催产素也许会增加健康男性对社会压力的神经反应（Eckstein et al.，2014）。催产素与焦虑的相关研究将有助于其应用于社交焦虑的治疗实践中。催产素受体的遗传变异影响大脑中的受体密度，并在焦虑障碍的病理生理中发挥作用（Myers et al.，

2014）。在社交焦虑症患者中，外周催产素水平与社交焦虑症状的严重程度及对社交关系的不满呈正相关（Hoge et al., 2008）。

2.5　催产素作用的神经机制

越来越多的研究使用功能性磁共振成像技术（functional magnetic resonance imaging，fMRI）考察催产素作用的神经机制，旨在揭示人类情感和认知功能的神经化学基础，及催产素对大脑神经活动的影响。大量研究发现，催产素作用有明显的时空特异性，它更可能不仅仅作用于某一特定脑区，还可能影响多个脑区之间内在的功能连接。催产素受体分布于整个大脑，包括杏仁核、腹内侧下丘脑、脑干和伏隔核。这些研究揭示了一组特定的"社会"大脑区域，这些区域很可能是催产素影响人类行为的关键脑区（Grace et al., 2018；Rocchetti et al., 2014）。催产素神经元和受体的特性使催产素能系统能够调节个体神经网络的活动模式，进而影响社会信息处理和行为反应（Johnson and Young，2017）。鼻喷催产素作用于静息态功能连接的调节方式与其对任务态功能磁共振成像的影响表现出基本的一致性（Seeley，Chou，and O'Connor，2018）。

杏仁核（amygdala）是对潜在的社会线索和社会威胁做出反应的关键脑区。杏仁核参与动机评价，以及社会知觉和归因过程，并对情绪处理至关重要。杏仁核脑区富含人类的催产素受体和纤维。杏仁核可以促进多巴胺能和催产素能系统之间的相互作用，以及它在大脑皮质和皮质下区域的功能连接。有证据表明，催产素—多巴胺能系统的破坏会阻止杏仁核和前额叶皮层之间的整合信号，从而导致注意力重新定向、社会感知和社会认知受损（Rosenfeld，Lieberman，and Jarskog，2011）。一系列研究发现，催产素作用下情绪面孔（尤其是负性情绪面孔，如恐惧、愤怒）（Domes et al.，2007；Kanat，Heinrichs，and Domes，2014）或负性刺激（Gamer，Zurowski，and Büchel，2010）、厌恶条件刺激（Eckstein et al.，2015）、金钱游戏（Chen et al.，2016）等加工过程中杏仁核的激活减弱。

例如，一项功能磁共振成像研究聚焦于催产素对威胁性场景和面部表情的神经反应的影响，结果发现，催产素降低了杏仁核对消极社会线索的反应，以及杏仁核与脑干区域的功能联结（Kirsch et al.，2005）。另一项功能磁共振成像研究中，在没有明确评估所呈现的面孔的情绪内容下，催产素降低了右侧杏仁核对恐惧、愤怒和快乐面部表情的神经反应（Domes et al.，2007）。后来的一项功能磁共振成像研究将中性面部表情与电击相结合建立了恐惧条件反射。催产素减弱了条件刺激后情绪刺激评级的变化，同时减少了杏仁核、内侧颞回和前扣带皮层中对条件刺激的神经反应（Petrovic et al.，2008）。后续的研究进一步发现，催产素对杏仁核特定亚区活动的影响是不同的。它减弱了杏仁核腹外侧和背侧区域对恐惧表情的激活，但增强了对快乐表情的激活（Gamer et al.，2010）。相反，在另一些包含情绪面孔或负性刺激（Lischke et al.，2012）、信任和奖赏（Hu et al.，2015）的研究情境中，催产素反而增强了杏仁核的激活。同时，催产素对男性和女性的作用结果有一定的差异。例如，催产素增加了女性对威胁场景的杏仁核反应（Lischke et al.，2012）。催产素增强了女性杏仁核对低恐惧面孔的反应，并且是通过增强女性杏仁核和纹状体对社交信号的敏感性来增加这些信号的显著性（Lieberz et al.，2020）。最新研究比较了自闭症女性与非自闭症女性，发现催产素只增加了自闭症女性左侧基底外侧杏仁核的激活，以及自闭症女性右侧基底外侧杏仁核与社会情绪信息处理相关脑区的功能连接，这些发现扩展了催产素对杏仁核影响的证据（Procyshyn et al.，2022）。

脑岛（insula）在自我意识、情感反应和移情过程中扮演着重要角色，作为"突显网络"的一部分，在催产素的社会效应中同样发挥着作用。在情感信息的社会突显和移情相关的任务中，催产素对脑岛有影响，表现出降低焦虑的作用（Geng et al., 2018）。催产素通过减少焦虑和厌恶神经回路的激活和增加共情区域的激活来促进对婴儿哭泣的反应（Riem et al., 2011）。催产素选择性地增强了接近社会正面刺激的准确性，并通过减少前脑岛活动，促进个体对积极社会刺激的趋近行为（Yao et al., 2018）。催产素减弱了加工愤怒面孔时脑岛和前扣带回等情绪处理相关区域的激活（Ma et al., 2020）。

催产素的研究发现，其对奖赏系统的调节作用，主要集中在中脑（midbrain），包括腹侧被盖区（ventral tegmental area, VTA）和基底神经节（basal ganglia），其中包含苍白球（globus pallidus, GP）、黑质（substantia nigra, SN）、腹侧纹状体（ventral striatum, VS）和背侧纹状体 [dorsal striatum，包含壳核（putamen）、尾状核（caudate）]，这些区域对奖赏处理至关重要。研究显示催产素作用在这些脑区，提高人际交往中的奖赏和突显性，例如面孔加工、合作（Feng et al., 2015）、浪漫（Scheele et al., 2013）、亲子（Wittfoth-Schardt et al., 2012）等，从而促进社会联系和依恋关系。

此外，还有研究提到催产素对大脑皮层和皮层网络的连通性的作用，如在探索人际关系的任务中涉及前额叶皮质（prefrontal cortex）、面孔情绪识别任务中涉及额下回（inferior frontal gyrus, IFG）和眶额叶皮层（orbitofrontal cortex, OFC）、与学习和对恐惧相关的下行调节过程涉及前扣带回（anterior cingulate cortex, ACC），以及内侧前额叶皮层（medial prefrontal cortex, mPFC）。在社会认知、自我等任务中，催产素还对楔前叶（precuneus）有作用。在探索移情处理或涉及负性刺激的任务中激活颞回（temporal gyrus），包括颞上回（superior temporal gyrus, STG）

和颞中回（middle temporal gyrus，MTG）。催产素对颞叶的作用可能反映了对社会线索加工和心智化过程的强化，这可能有助于情感识别（Grace et al.，2018）。在女性中，催产素受体基因在纹状体和其他皮层下区域高表达，但在皮层区域表达不明显。催产素增强了皮质纹状体回路之间的连接，这些回路通常与奖赏、情感、社交、语言和疼痛处理有关（Bethlehem et al.，2017）。

2.6　催产素与精神疾病

临床上，催产素研究已被用于改善患有发育和精神障碍的成人和青少年的损害，尤其是那些以社会缺陷为特征或具有异常社会行为的精神疾病，现有的治疗药物无法完全针对这些疾病。目前研究较为深入的是焦虑症、自闭症和精神分裂症谱系障碍、情绪障碍、创伤后应激障碍和边缘性人格障碍。此外还有进食障碍、物质滥用障碍、反社会人格障碍等。

自闭症谱系障碍（autism spectrum disorder，ASD）是一种神经发育障碍，主要症状包括社交障碍、重复行为障碍和兴趣障碍。有研究探讨了催产素在自闭症个体或者具有自闭症特质的个体上的作用。一项元分析研究表明，与其他精神疾病相比，鼻内催产素可能对自闭症有特定的作用（Bakermans-Kranenburg and van，2013）。自闭症的社会缺陷特征可能与中边缘奖赏通路以及皮质部位的功能损伤有关。我们发现，催产素会增加自闭症患者与感知社会情绪信息相关的脑区活动。此外，催产素增强了大脑奖赏区和社会情绪处理脑区之间的功能连接，尤其是加工情绪等社会刺激时（Gordon et al.，2016）。有研究比较了自闭症青少年完成社会和非社会激励延迟任务的神经活动，发现催产素对非社会性信息加工的作用。在非社会奖励预期状态下，相对于安慰剂，催产素组右侧伏隔核（NAcc）、左侧前扣带皮层（ACC）、双侧眶额皮层（OFC）、左侧额上皮层（FP）的激活更明显。在社会奖励预期状态下，催产素组的大脑激活与安慰剂组相比没有显著增加（Greene et al.，2018）。值得注意的是，与健康对照组相比，催产素对自闭症患者社交能力的改善作用更大（Kruppa et al.，2019）。尽管基于一系列研究结果，外源性催产素越来越被认为是针对自闭症谱系障碍的潜在治疗方法，但相较于单次持续，连续使用的作用尚不明确，长期影响尚不清楚。一项多剂量催产素治疗4周后发现，催产素导致大脑双侧杏仁核活动持续降低，这种降低持续到实际给药后的四周和一年。重要的是，杏仁核活动降低的被试在回避依恋和社会功能表现出更大的行为改善（Bernaerts et al.，2020）。在一个包含13项长期研究的综述中，有11项表明催产素治疗提高了社会能力和技能，2项研究没有发现任何改善（Peled-Avron，Abu-Akel，and Shamay-Tsoory，2020）。

精神分裂症（schizophrenia）是一种以异常行为为行为特征的精神障碍，表现为社会认知低下、社会功能缺陷或其他与现实脱节的行为，包括积极、消极和精神运动症状。考虑到催产素在社会认知和行为中的作用，许多研究检验了催产素在改善精神分裂症患者精神症状方面的潜在临床益处。一些研究表明，催产素治疗可以改善精神分裂症患者的社会认知能力。有研究发现，单剂量鼻喷催产素的男性精神分裂症患者在较高水平的社会认知任务方面有显著改善（Davis et al.，2013）。单剂量鼻喷催产素可使杏仁核至左侧颞中回、颞上沟和角回回路的功能连接正常化，这有助于精神分裂症的阴性症状（Abram et al.，2020）。在基于情绪的投球游戏中，催产素增强了男性精神分裂症患者对情绪的识别，但不影响注视时间或注视停留时间。急性低剂量催产素对社会线索加工有一定的影响，但仅限于情绪识别（Andari et al.，2021）。在一项为期3周的精神分裂症多剂量催产素治疗研究中，也发现了催产素的抗精神病性质，催产素相关改善了阳性与阴性症状量表总体症状和阳性症状以及临床整体印象量表得分（Feifel et al.，2010）。不仅如此，长期治疗还能补充抗精神病药物的治疗，改善一些社会认知指标，对社会认知缺陷有帮助（Pedersen et al.，2011）。研究表明，催产素—多巴胺—杏仁核系统的崩溃可能是自闭症和精神分裂症谱系障碍的社会突显信息加工和注意功能障碍的基础，但二者对显著的社会线索有不同的反应。自闭症患者在突显的社会刺激的注意方面表现出缺陷，而精神分裂症患者在抑制突显信息加工方面表现出困难。在包含 13 项研究的综述中，有 7 项长期研究表明，催产素治疗缓解了各种症状和社交困难，6 项研究没有发现任何社会认知方面的改善。然而目前女性参与极少，无法获得性别对精神分裂症患者催产素治疗的调节作用（Peled-Avron et al.，2020）。

创伤后应激障碍（post-traumatic stress disorder，PTSD）由创伤事件引发，表现出对创伤相关刺激的回避，认知和情绪的负性改变。有研究发现，单次催产素降低了临床医师评定的 PTSD 症状严重程度高的急性患者的症状严重程度（van Zuiden et al.，2017）。有 2 项长期研究也发现，症状的减轻受严重程度的调节，病情越严重的患者受益越多。

边缘型人格障碍（borderline personality disorder，BPD）通常以严重的人际功能障碍为特征，个体在社会认知与情绪、共情、社会趋近与人际关系等方面表现出缺陷，还有冲动、冒险、自残等行为。越来越多的研究发现了催产素改善边缘型人格障碍患者社会功能障碍的潜在作用。在一项测量情感和认知共情和接近动机的标准化任务中，催产素显著增加了边缘型人格障碍患者和健康对照组的情感共情和接近动机。更重要的是，催产素的使用导致患者组和健康对照组的得分相似。这些发现为催产素对情感共情缺陷和边缘型人格障碍接近动机行为的有益作用提供了证据，也为后续在该领域的探究提供了依据（Domes et al., 2019）。

总之，鼻喷催产素长期治疗辅助改善各种社会认知障碍和各种精神障碍行为的效果看上去是有希望的。但是研究还存在很大的不足或冲突，对这些发现的有效性提出了质疑。今后研究需要系统地研究各种个体和环境因素的调节作用，以及包括使用剂量、治疗程序、适用症状和适应人群等内容。这也需要更多来自健康人群催产素行为和脑机制的探索研究以及临床上与健康人群的对照研究。

2.7　催产素的情境效应与个体效应

2.7.1　催产素的情境效应

基于我们对人类催产素文献的整理，发现目前关于催产素的研究结果并不统一，并且在同一项研究中催产素对不同的任务类型和不同群体也表现出不同的效应。元分析显示，43%的研究中，鼻喷催产素没有显著的主效应。并且还有一些研究发现，在某些条件下，催产素可以产生反社会效应。这种高比例的负性结果表明，催产素的效应不是无差别的，不同个体或情境因素会对催产素的效应产生显著的调节作用（Bartz et al., 2011）。

最近的大量研究致力于解开催产素反应中潜在变异的机制。迄今为止发现的调节因素包括个体遗传和生理特征，例如催产素受体等位基因变异、催产素受体基因的甲基化以及基线血浆催产素水平（Feng et al., 2015; Jack, Connelly, and Morris, 2012; Montag et al., 2013）；生命历史因素，例如童年经历和父母分离等因素（Flanagan et al., 2015; Meinlschmidt and Heim, 2007）；以及心理和行为特征，包括人格、依恋类型、情感敏感性和社交能力等（Alcorn III et al., 2015; Bartz et al., 2015; De Dreu,

2012b；Groppe et al.，2013；Leknes et al.，2013）。

　　高水平的内源性催产素有可能与关系困扰和人际困难有关。在一项实验室任务中，年轻成年女性在人际伤害后，较高的平均外周催产素反应性与冲突后焦虑增加和宽恕水平下降有关（Tabak et al.，2011）。催产素与社会关系的缺失、与较差的伴侣关系以及皮质醇水平的升高显著相关（Taylor et al.，2006）。有身体虐待史的女孩在应激刺激后尿液中催产素水平较高，唾液皮质醇水平较低（Seltzer et al.，2014）。血浆催产素水平与广泛性社交焦虑障碍患者较高的社交焦虑症状相关（Hoge et al.，2008）。

　　催产素最初被认为是通过增加积极情绪来增加社会导向或与之相关的行为，但同时也发现了催产素对一些负面情绪的促进作用，似乎催产素并不总是促进亲社会行为，尤其是在涉及威胁或竞争的负性环境。催产素似乎是通过降低社会威胁体验和增加社会奖励驱动，减少回避行为，增加趋近行为（Kemp and Guastella，2011）。早期一项研究发现，催产素的亲社会作用可能只发生在积极的情境中，而在竞争情境中催产素反而会增加看到其他玩家获得更多钱时的嫉妒感以及自己获得更多钱时的幸灾乐祸感（Shamay-Tsoory et al.，2009）。催产素提高了不确定环境下的不信任（Declerck et al.，2010）。催产素促进压力感知（Eckstein et al.，2014），以及包括攻击性在内的保护性行为（Striepens et al.，2012），从而表明，催产素调节社会行为可能并非依赖于减轻压力，而是可能只有当社会背景涉及合作和积极情绪时，催产素才会提高了亲社会行为。但是在竞争激烈的环境中，催产素增强竞争性或侵略性的行为。在这种情况下，催产素增加威胁信号的突显性，这可能导致注意力转向对威胁的社会线索的反应而不是积极的社会线索。总地来说，研究表明，在积极的支持性环境中，催产素增加安全信号的突显性（Domes et al.，2007），这可以减轻压力。相反，在不可预测的威胁情况下，催产素触发对威胁的定向反应并增加焦虑（Grillon et al.，2013）。催产素的作用也是有一定的条件的。虽然催产素降低了高社交焦虑和低社交焦虑个体对情绪性面孔注意偏向的差异，但这一效应是由控制组被试对情绪性面孔注意偏向的增加驱动的。在社会敏感性高的个体中，这种效应的缺失表明催产素可能有一个饱和点（Clark-Elford et al.，2014）。

一组研究表明，催产素的情境性还表现在亲密关系的调节作用中。文献中不一致的发现可以用个人对内群体成员的偏好和倾向来解释。研究证明，催产素调节狭隘的利他主义（De Dreu et al.，2010）、民族优越感、种族中心主义（ethnocentrism）和内群体偏好（De Dreu et al.，2011），增加对内群体的从众行为（Stallen et al.，2012），以及对内群体成员疼痛表情的移情作用的神经反应（Sheng et al.，2013）。有趣的是，这些研究发现，催产素主要增加对内群体的偏好，而不是对外群体的仇恨。考虑到人类个体对群体相关信息有基本的偏见，所以催产素调节对内群体成员的情感（Tajfel and Turner，1979）。然而，当外群体成员来自一个对立有冲突的群体而不是一个中立的群体时，外群体成员的突显性可能比内群体成员要高。在这种情况下，鼻喷催产素可能调节对外群体成员的情绪。这一观点与最近的研究结果一致，催产素促进了个体在冲突中对外群体成员的痛苦的共情（Abu-Akel et al.，2014；Shamay-Tsoory et al.，2013）。

2.7.2　催产素的个体效应

催产素的影响还受个体内部特征的调节，在评估催产素的作用时考虑依恋风格等个体差异。例如，催产素显著降低了焦虑依恋、拒绝敏感被试的信任预期和合作倾向（Bartz et al.，2011），但是改善了自我决策型而非利他决策型个体的信任与合作行为（Declerck et al.，2014）。催产素可以改善情绪识别，广泛地增加了个体对面部表情的注视，并且对于高度依恋焦虑的个体，催产素增加了对眼睛的注视，减少了对嘴部的注视（Wang et al., 2020）。

此外，影响催产素效应的最重要的一个个体特征是被试性别。进化心理学认为两性的不同的交配策略造成了男性和女性的身体、心理和行为差异（Bate et al., 2015）。迄今为止，多数鼻喷催产素的研究都是首先应用在男性被试上的，但最近的行为研究和脑成像研究表明，女性对于催产素的反应与男性的反应有很大的差异。尽管有一些研究没有发现催产素的性别差异，越来越多的研究显示，催产素对男性和女性被试的影响不同（Ditzen et al., 2012；Ebner et al., 2015；Fischer-Shofty, Levkovitz, and Shamay-Tsoory, 2013；Kubzansky et al., 2012；Rilling et al., 2014；Scheele et al., 2014）。

最近的研究发现，催产素主要提高男性在和自身利益相关、涉及竞争或负面信息处理任务中的表现，而提高女性在利他、亲情行为以及积极的信息处理任务中的表现（Fischer-Shofty et al., 2013；Gao et al., 2016；Hoge et al., 2014；Scheele et al., 2014）。例如，一项研究测试了女性在社会反馈的背景下，执行一项社会激励延迟任务，通过尽快对目标刺激作出反应来获得社会奖励（高兴面孔）或避免社会惩罚（愤怒面孔）。在安慰剂条件下，腹侧被盖区激活可以正向预测社会奖励条件下的正确反应。在对奖励和惩罚社会线索的预期中，催产素增加了腹侧被盖区的激活，表明催产素通过调节女性奖赏和惩罚加工的神经活动来增加社会刺激的突显性（Groppe et al., 2013）。

整体来看，催产素抑制女性社会加工的研究主要涉及负性刺激加工（Domes et al., 2010）、威胁情境（Lischke et al., 2012）或社会经济博弈（Chen et al., 2016；Feng et al., 2015）。例如，有研究探讨了催产素对不同效价的社会情绪刺激对女性大脑活动的影响。催产素使健康女性大脑杏仁核、梭状回和颞上回对社会相关恐惧线索的神经反应更强（Domes et al.，2010）；然而对于男性，催产素被发现可以降低对社会心理压力的行为和内分泌反应（Heinrichs et al.，2003）及杏仁核对恐惧等三种情绪面孔的反应（Domes et al.，2007）。

在同时比较男女被试的研究中发现，催产素提高男性对于竞争的知觉以及女性对于亲密关系的知觉（Fischer-Shofty et al.，2013）；在道德判断中促进男性的自私行为和女性的利他行为（Scheele et al.，2014）；在情境判断中增强女性被试对亲属关系识别，男性被试对竞争关系的识别（Fischer-Shofty et al.，2013）。催产素可以提高女性的面部表情记忆和身份工作记忆，但对男性没有影响（Yue et al.，2018）。采用直视锥体任务，研究了催产素对威胁、愤怒和中性面部表情的注视方向判断的影响。催产素有降低男性直视锥体而增加女性直视锥体的趋势，即催产素减弱了男性对他人注视方向的自我参照判断，而增强了女性的自我参照判断（Shi et al.，2020）。

催产素对男性和女性的影响差异还表现在神经活动上。例如，催产素使女性在囚徒困境互动社交游戏中像对待人类伙伴一样对待电脑伙伴，但男性没有类似的作用。但是在合作互动中，催产素增加了男性大脑中丰富的催产素受体区域以及对奖赏、社会联系起关键作用的区域（如纹状体、基底前脑、脑岛、杏仁核和海马）的活动。而对女性，催产素反而降低了这些区域的大脑活动或者缺乏效果（Rilling et al.，2014）。催产素会抑制男性看到威胁性的面部刺激时额下回、背侧前扣带和前岛叶的反应。相反，对于女性，催产素导致这些区域的反应增加（Luo et al.，2017）。

这些研究表明，至少在某些情况下，与男性相比，催产素对女性的影响可能不同。鉴于催产素在社会加工过程中产生性别依赖效应，可能对男性和女性有不同的治疗效果，需要更全面地了解鼻喷催产素对女性和男性大脑活动和行为的影响。

同时，上述各种讨论表明，现有的结果通常指向与社会功能的直接联系，但它们大部分仍然存在相互矛盾的结果。总体上，催产素的影响易受任务类型、个体差异和目标对象的影响，任务情境（积极的 / 亲社会的 / 亲密的和消极的 / 非亲社会 / 非亲密的）对催产素的效应也存在影响。

第3章 群际关系对催产素作用的调节

3.1 群际偏好研究背景

3.1.1 群际偏好的内容

人类自始至终生活在群体中，组成社会联结，依赖于群体关系，享受群体资源，并为群体做出贡献。人类的大脑已经进化到可以适应复杂的社会群体生活，尤其是使个体能够迅速地识别出一些人与自己属于相同的群体，建立起内群体文化，与群体内的成员建立连接，形成和遵守群体规范，并积极地保护内群体免受外部威胁，表现出群际偏好的特性（intergroup bias）。并且，群体内成员通常比群体外成员更受青睐。

群际偏好一直以来是社会心理学研究的重点主题，指个体把自己看作特定社会群体的成员而非单独的个体时对内群体和外群体产生不同态度的现象，或者说是因自己的群体成员身份而发生在认知、情感或行为等多层次的改变。群际偏好一般包含对自己所属群体即内群体（in-group）及其成员的偏爱（内群体偏爱，in-group favoritism）和一定程度对外群体（out-group）及其成员的贬损（外群体贬损，out-group derogation）。内群体偏爱的早期研究很多，发现对内外群体的态度会影响如印象评估（Gerard and Hoyt，1974）、报酬的分配（Tajfel，1970）、信任（Insko et al.，1990；Insko，Schopler，and Sedikides，1998）等行为，是适应群体生活的生存策略（Brewer，2001）。

事实上，对内群体持积极评判并不必然意味着对外群体的消极评判。二者虽然有一定联系，但在很多时候是相互独立的。实验发现，对内群体成员更多的信任、积极关注、合作、共情等可以只表现为内群体偏爱一方面，却和外群体贬损关系不大（Brewer，1999；Levin and Sidanius，1999）。内群体偏爱可以同时伴随着对外群体不同的态度，可能同样积极，也可能强烈贬损。

内群体偏爱通常出现在与自我高度相关的团体中，比如国家、民族、性别、地域等，可能产生强烈的民族中心主义、种族偏见或性别歧视、地域偏见，促使个体为自己所属群体服务，产生集体荣誉感。不仅如此，内群体偏爱也会出现在结构相对松散的群体中，甚至随机组合的临时性群体中，如短期组建的团队，甚至实验中临时随机分配的小组。

群际偏好可以反映在很多层面，包括认知（刻板印象，stereotype）、态度（偏见，prejudice）、行为（歧视，discrimination）等几个层面（Mackie and Smith，1998）。群际偏好使社会群体紧密联系在一起，但同时也引起群体间竞争。由于群体偏好是自我服务偏差的延展，它忽视了客观事实和情境，因而总体来讲是不合理、不公平的（Fiske et al.，1998；Turner and Reynolds，2001）。这种现象是产生群体间敌意和冲突、政治斗争乃至战争的最根本原因之一。通常来讲，社会群际关系、文化特质以及实际生活和经验可以降低群际偏好。

3.1.2　群际偏好的研究方法

最早关于群际偏好的研究发现，各种群体划分都能或多或少产生群际偏好，即使是人为临时的分组也可以使个体产生群际偏好。在最简群体范式（minimal group paradigm）中，参与实验的被试会被随机分成两个组，要求被试给两组成员分配钱物作为实验报酬，实验结果发现，尽管被试原先互不相识，实验过程中也没有发生任何互动，但是被试明显给自己所在的群体分配更多的报酬（Tajfel，1970）。该实验充分体现了仅仅由于人为划分而导致的对内外群体身份的觉知，就会激发群际偏好。再加上其易于操作、无关干扰信息较少，被广泛运用于群际偏好的相关研究中。

群际偏好的测量主要包括外显测量（explicit measures）和内隐测量（implicit measures）。外显测量多采用自我报告式的形式，让被试依据一些标准对内外群体分别进行评价或作出判断，进而衡量其对内外群体的态度差异。这种形式的测量无法保证被试完全真实地作答，不同的测量中表现出了相同的模式，即被试既希望对自己的群体评价更高一些，同时又努力维持自己公正的形象（Singh，Choo，and Poh，1998）。内隐测量目的是避免被试有意识地表现出某种态度，而通过一定的实验设计，来测量被试的态度。测量的方法包括早期的投射测量、加工分离程序（process-dissociation procedure，PDP）以及基于反应时的范式如内隐联想测验（implicit association test，IAT）、启动（priming）技术。新近发展了一些内隐态度测量方法，如 Go/No-Go 关联任务（Go/ No- go association task，GNAT）、外在情感性西蒙任务（extrinsic affective Simon task，EAST）等，这些方法都是对 IAT 的继承和发展。刻板解释偏差（stereotypic explanatory bias，SEB）也是常用的内隐测量方法，刻板印象被研究者认为是内群体偏爱的有力预测指标，特别是在群体认同受到威胁的时候，反映了个体

对某社会群体的刻板印象在信息加工过程中发生的作用（Breuer et al.，
2000）。

此外，由于群体归属可以影响个体一系列的认知和情感加工过程，
一些研究范式可以运用于此领域，作为衡量和评估的手段。例如去人化任
务（infrahumanization task）是利用个体倾向于把次级情绪、人类特有的高
级情绪和群体内成员联系起来，而把群体外成员的情绪多评估为初级情绪
来衡量个体对内外群体的态度（Demoulin et al.，2004）。对群体成员面孔
的初级视觉表征等任务可以衡量不同情境下认知加工过程。社会决策范式
（social decision-making）可以衡量不同情境下信任、利他、合作等行为。

3.1.3　群际偏好的影响因素

人类已经进化得对群体内成员更亲社会，以促进生存和健康，尽管这
种倾向似乎取决于某些因素，如社会距离、社会文化类型、个体社会地位、
群体认同、人格特征以及具体的情境等。

跨文化研究发现，集体文化社会中群际偏好更强（Triandis and
Trafimow，2001），因为社会认同过程更有可能发生在集体主义的群体中，
集体主义团体或个人更有可能担心群体内的身份认同，以及对高度依赖人
际关系的社会生活的适应。

个体所处社会地位高低会影响其群际偏好。高社会地位和低社会地位
的个体可能都存在着内群体偏爱。但社会地位高及权力强的群体较社会地
位低及权力弱的群体表现出更多的内群体偏爱。

群体认同也能够预测个体的内群体偏好程度，内群体认同水平越
高，其内群体偏好程度就越强，会为内群体分配更多的资源（Oishi and
Yoshida，2002）。此外，人格与个体的差异等都对群体偏好产生影响。

而具体的情境主要指群体之间的关系是友好、中立还是对立，是否有

大量的冲突与竞争，甚至是敌对关系。

对影响因素研究的综合分析可以看出，对个体群际关系的影响大致可以分为三类：客观社会文化等，个体社会地位、对自我和内外群体的认知（自尊、刻板印象、群体认同等）以及具体情境。

3.1.4 群际偏好的研究进展

群际偏好主要表现为内群体偏好和外群体贬损，但是事实上在一些情况下也会有完全相反的表现，即外群体偏好和内群体贬损。随着对群际关系研究的深入，研究结果显示，这种差异往往表现在不同群体对内群体和外群体的态度。具体研究发现如下所述。

3.1.4.1 内群体偏好与外群体偏好

最早关于群际偏好的研究采用了最简群体范式（minimal group paradigm），实验被试被随机或根据某种很随意的标准（如抛硬币）分到两个小组，要求被试给两组成员分配金钱或点数。被试与其他小组成员互不相识，但是被试明显给自己群体的成员分配更多。该实验表明仅仅通过人为临时的分组，对内外群体的知觉就足以让个体产生内群体偏爱。在真实群体研究中，这一偏好也得到了普遍证实（Sachdev and Bourhis，1985，1987，1991）。研究还发现，个体对内外群体的认知、态度等许多方面均有差异，并且人们倾向于认为自己的群体是重要的，并且优于其他群体。研究发现，个体认为外群体更加消极，更有可能将愤怒的面孔归类为属于外群体（Dunham，2011），对极端外群体非人化的归类等等（Harris and Fiske，2006）。

按理说，内群体偏爱意味着对内群体的态度比对外群体更积极，意味着对内群体越偏爱则对外群体有更多的贬损。然而，实际上对内群体是正面评判并不必然意味着对外群体的负面评判（Fiske et al.，1999）。一个积极的内群体评估能够独立于对外群体的相关评估。实验发现，对内群体成员更多的信任、积极关注、合作、共情仅仅和内群体偏爱相关，却和外群体贬损关系不大（Brewer，1999；Levin and Sidanius，1999）。因此，内群体偏私并不必然意味着外群体贬损。

　　随着对群际偏好研究的深入，一些研究发现，低地位群体同时也可能表现出外群体偏好，例如早期的研究发现，黑人小孩表现出对白人洋娃娃的偏好（Banks，1976）。元分析结果显示，社会地位越高的优势群体表现出更多的内群体偏爱，但低社会地位弱势群体的外群体偏好为85%，即弱势群体成员表现出明显的外群体偏爱，对其所在群体表现出更强烈的矛盾态度（Ashburn-Nardo et al.，2007；Mullen，Brown，and Smith，1992）。针对最初的外群体偏爱研究，有学者曾质疑个体行为层面的外群体偏爱是否真实，是否出于对权威认同、自我保护、逃避责罚等原因，因而随后有学者进行了相关的内隐研究。实验用内隐测量方法发现弱势群体成员在内隐水平上表现出对优势外群体成员无意识水平上的偏爱，这表明弱势群体成员的外群体偏爱的真实。随后又有新的研究发现，不仅仅是弱势群体有外群体偏好，优势群体成员在面对强大社会压力时，有时在行为上会表现出外群体偏爱（Norton，Vandello，and Darley，2004）。

　　群际关系的测量方法即内隐测量和外显测量可能也是造成偏好差异的重要因素之一。对两种类型群际偏好间关系的实证研究及数据元分析显示，内隐群际偏好和外显群际偏好不完全一致，相关程度很低（Hofmann et al.，2005），尤其是对于社会敏感态度。内隐态度受到了群体地位（优势群体还是弱势群体）的影响，而外显态度受到群体地位的影响较小（Rudman，Feinberg，and Fairchild，2002）。低社会地位群体成员内隐测量上比外显的自我报告测量更可能存在外群体偏好。

3.1.4.2　群体偏好的神经机制

近年来，对于群际偏好的神经机制研究发现，群体间的社会分类以及对内外群体的信息加工主要与内侧前额叶皮质（medial prefrontal cortex，mPFC）、前扣带回（anterior cingulate cortex，ACC）和楔前叶（precuneus）的激活有关（Molenberghs and Morrison，2012；Morrison，Decety，and Molenberghs，2012；Volz，Kessler，and von Cramon，2009）。这些脑区与情感社会推理、抽象社会推理、自我参照加工有关。就像我们的个体认同一样，我们对自己所属群体也存在社会认同（social identity），我们和自己熟悉的群体有更深刻的情感连接，对其评价更高。内侧前额叶皮质（mPFC）的神经网络在社会和个体认同过程中有相同的激活（Volz et al.，2009）。个体的群际偏好同时还激活了顶上小叶（inferior parietal lobule，IPL），表明个体看待内群体行为和外群体行为是不同的。观看内群体成员的身体痛苦或精神痛苦，以及失败会激活前扣带回（ACC）和脑岛（insula），而对外群体成员的痛苦感知更多地激活了腹侧纹状体（ventral striatum，VS），此外，还涉及内侧前额叶皮质，颞顶联合区（temporoparietal junction，TPJ）和后颞上沟（posterior superior temporal sulcus，pSTS）。尽管之前关于群体间内隐知觉研究发现杏仁核（amygdala）反应与被污名化的社会群体有关，但也有研究发现相对于外群体面孔，个体观看新异的内群体面孔时会激活杏仁核（amygdala）、梭状回（fusiform gyrus）、眶额叶皮质（orbitofrontal cortex，OFC）以及背侧纹状体（dorsal striatum）（Van Bavel，Packer，and Cunningham，2008），这可能与更强的情绪反应和奖赏加工有关。这些神经活动不是被种族或者被试有意地倾向于某一群体或种族所调节，而是自动发生的（Molenberghs，2013）。

3.1.5　群际偏好的理论解释

对内群体偏好的机制，不同理论从个人利益、群体关系、公正等不同的角度给出了不同的解释，有些理论还可以解释外群体偏好的发生。

社会认同理论（social identity theory，SIT）是关于群体偏好最早的理论模型之一，对各种现象的解释有很好的适应性。该理论认为认同既包含个体认同（personal identity），也包含我们在作为特定群体成员所共享的属性即社会认同（social identity）。该理论的核心是认为人有争取积极的社会认同的需要。个体通过自我归类划分内群体和外群体，把群体成员包含进个体的自我概念，有利于对群体内成员的移情和利他的产生，并且给予内群体更积极的评价。这种对内群体的认同可以使个体获得归属感和满足感，进而提高个体自尊水平。个体会比较内外群体，对于弱势群体来说，增加了对外群体的敌意，促进对自我及内群体的积极评价。社会认同理论还可以对外群体偏好做出解释。社会认同理论用来解释外群体偏好的核心概念是共识性歧视（consensual discrimination），它是指各群体之间在群体地位的看法上达成了共识，群体成员对群体间关系都有准确感知。对于处于低地位的群体成员，他们接受了自身所处的劣势，因而低地位群体也会表现出对高地位群体的偏好。

群体服务偏向理论（group-serving bias）对内—外群体效应做出新的解释。和自我服务偏向概念相类似，群体服务偏向指当个体形成"我们"这个概念后，在解释事实或分析数据的时候，更加倾向于按照有利自己群体的方式来进行，具体表现为更加关注内群体的正面信息，忽视、遗忘、重新加工负面信息（Gaertner et al.，2006）。

社会优势取向理论（social dominance orientation）认为社会包含了促进或减弱群体间等级的意识形态。与社会认同理论相比，社会优势理论不仅关注群体成员为何会为其内群体利益而行动，还进一步提出群体成员支持与其群体利益相反的行为和信念的原因。社会优势理论核心解释变量是社会优势取向，是从个体差异层面来对群际关系进行解释，主要解释群体成员为何会支持与其群体利益相反的行为和信念（Huddy，2004）。社会优势理论从个体差异层面对低地位群体中的外群体偏好现象做出了较好的理论解释。个体社会优势取向的水平较高，就会更倾向于保持群际地位差异，所表现出的对高地位群体的偏好也会越强（Hiel and Mervielde，2005）。在性别、种族等方面的研究支持此观点，并且社会优势取向在地位不同的群体中所起到的作用似乎是不同的。

系统公正理论（system justification theory，SJT）认为，人们为了协调认知失调，倾向于认可现存的社会差异，相信其公正合理。优势群体倾向于内化外界对自己所属的内群体的积极印象，从而更加偏爱内群体；而弱势群体则可能将外界对其内群体的消极刻板印象内化，认可外群体的积极印象，通过这个过程来证明社会规则存在的正当性。这样可以解释不同地位间的群体表现出不一致的群际偏好。激活系统公正动机使人们认为现状是令人满意的，使低地位群体成员会支持不平等的阶层关系（Kay et al.，2007）。系统公正理论用系统公正动机来解释外群体偏好，但与此同时，这个动机又是存在个体差异的。该理论不平等的阶层结构不仅由优势群体的内群体偏好和外群体贬抑这种机制所保持，同时也通过低地位群体的外群体偏好这种机制而得以永存。

3.2　群际偏好与催产素作用的关系

群际偏好通常指个体对自己所属的群体（内群体）或其成员比非所属群体（外群体）或其成员有更积极的态度。这种社会偏见（或群际偏好）

像胶水一样连接起了社会群体内部成员，建立内群体文化，使群体内部成员关系紧密，因而同时也是引发群体间冲突的重要原因之一。通常来讲，这种群体服务偏差可以表现为有利于内群体的形式（内群体偏好）或贬损外群体的形式（外群体贬损）（Hewstone，Rubin，and Willis，2002），或同时表现出这两者。

在探寻社会行为的神经生物学基础的过程中，行为和脑科学的研究者将他们的注意力转向了催产素——一种古老的、结构高度保存的神经肽。早期研究表明，对于自由生活的猫鼬这种动物，外周催产素的增加可以促进其一系列针对自己家族的合作行为，包括挖掘，与幼崽联系，以及守卫行为（Madden and Clutton-Brock，2011）。对雌鼠的研究发现，催产素是触发所谓"母性防御"的关键，当母乳喂养的母亲面对一个陌生的入侵者，并对其幼崽进行保护时起作用（Pedersen and Prange，1979）。

近年来，许多研究关注下丘脑神经肽催产素在促进社会偏见方面的潜在作用，一般表现为促进内群体偏好和一定程度的外群体贬损。也就是说，个体对于他人的态度的催产素效应受不同的社会关系的调节。之前的研究发现，在经济游戏中，鼻喷催产素提高被试对内群体成员的信任或者外群体成员的防御型攻击，进而促进狭隘的利他主义行为（De Dreu，2012a；De Dreu et al.，2010）。具体来看，当群体外成员的存在对自己和群体内成员没有威胁时，催产素促进对群体内成员的信任；而一旦群体外成员可能会威胁到自己和群体内成员的利益时，催产素会增加个体对群体外成员的防御或攻击行为。催产素还促进群际冲突情境下的竞争行为，目的是保护内群体的弱势成员（De Dreu et al.，2012）。这一结论与早期的动物研究较为一致，即催产素会增强动物对幼仔的保护和对领土入侵者的攻击行为（Bosch et al.，2005）。其他研究还发现，鼻喷催产素可以提高经济游戏中、人类高级情绪归类判断任务下以及道德困境中决策行为中的民族中心主义（ethnocentrism）行为，尽管其主要表现为促进内群体的偏好而不是外群体贬损（De Dreu，2012a；De Dreu et al.，2011；Van and Bakermans-Kranenburg，2012），表现出内群体偏好和外群体贬损的分离。催产素调节个体与群体内外对手的合作与竞争行为（Ten Velden et al.，2014）。在一个简化的双人扑克游戏中，催产素促进了个体的对群体内对手的和解行为，减少了对群体内对手的侵略性，但对于群体外的对手则没有这种改变。最新研究发现，任务中催产素增加了与陌生人的私人距离，但对和朋友的距离没有影响（Cohen et al.，2017）。

另一方面，关于催产素对内群体和外群体的偏好的研究结果也不尽一致。有研究发现，催产素同样可以提高个体对外群体成员疼痛体验的共情（Shamay-Tsoory et al.，2013），提高非竞争情境下与内群体和外群体成员的合作（Israel et al.，2012）。尽管之前有研究发现，在社会压力下，由内群体和外群体成员提供的相互冲突的评价，催产素仅仅促进对内群体成员的从众（Stallen et al.，2012），然而最新研究发现，催产素不仅促进了个体对群体内成员的从众行为，同样个体对外群体成员的从众行为也显著提高（Huang et al.，2015）。还有研究则发现，催产素降低个体在类似经济游戏中对陌生人的慷慨程度（Radke and de Bruijn，2012）以及对高风险盟友的偏见（De Dreu et al.，2012）。另外一项 ERP 研究表明，催产素提高了疼痛共情任务中不同种族面孔间的神经反应差异（Sheng et al.，2013）。

民族中心主义的概念非常广泛，包括对待不同的种族的人（社会性刺激）的态度，扩展到对待各种非社会性的文化标志的态度，比如旗帜、城市、建筑、古迹、钱币、食物，甚至消费品。有许多因素会影响消费品原产国效应（country of origin effect），即消费者如何评价出自某一个特定国家的产品。有研究表示民族中心主义会影响消费行为（Jiménez and San Martín，2010；Shimp and Sharma，1987）。目前没有关于催产素对文化标志和消费品的民族中心主义影响的研究。

之前相关的研究多数都仅仅使用了男性被试，而越来越多的研究发现了催产素的性别差异（Ditzen et al.，2013；Fischer-Shofty et al.，2013；Kubzansky et al.，2012；Rilling et al.，2014；Yao et al.，2014）。在一些研究中，催产素对男性和女性被试的作用相反，另一些研究则发现，催产素对男性和女性的作用发生在不同的情境中，因此，有必要探索催产素作用的性别差异。之前的研究也没有直接考察催产素作用下被试对内外群体的态度，即从对不同社会文化刺激的喜爱程度的角度考察催产素对民族中心主义的影响。此外，已有研究主要关注催产素的短期作用，对催产素的长期作用研究较少。

在当前的研究中，我们主要探究鼻喷催产素对中国成年男性和女性对不同种类的社会性和非社会性刺激的喜好程度，这些刺激材料来自被试自己的文化主体（中国大陆），长期以来密切相关的文化主体（中国台湾地区）这样的"内群体"，或者由于历史原因导致的温和的（韩国）或强烈（日本）冲突的"外群体"。我们选择了不同程度的"内群体"和"外群体"是因为已有研究表明，催产素的作用是高度依赖于情境的（Bartz et al.，2011）。为了探究催产素对被试是否有持续的作用，我们在第一次任务结束后一周进行了第二次测试。第二次测试没有使用任何药剂或其他干预措施，并且被试在第二次实验开始时才了解本次测试内容。考虑到实验中使用的社会性刺激和非社会性刺激无法被认为是完全同质的，而一些非社会性的刺激种类也有很强的社会关联（比如旗帜），我们还分别考察了不同种类下催产素的作用。根据其他研究，催产素主要对社会性刺激而不是非社会性刺激起作用（Hurlemann et al.，2010；Meyer-Lindenberg et al.，2011；Striepens et al.，2011），因而我们提出假设：催产素提高个体对内群体社会性刺激的喜好程度。另外，这种效应可能会广泛地扩展到非社会性刺激。作为控制，被试还要求对每个刺激图片的唤醒度和熟悉程度作出评价，根据之前的研究催产素不会对这两项因素产生作用（Scheele et al.，2013；Striepens et al.，2011；Striepens et al.，2014）。此外，尽管之前的研究大都表明女性经期对催产素的作用没有影响，但是考虑到有些研究发现了女性生理周期对催产素作用的影响，我们还是搜集了女性被试经期的相关数据进行分析探索（Domes et al.，2010；Theodoridou et al.，2009）。

3.3 群际关系对催产素作用调节的实验设计

本部分介绍了参加该任务的实验被试、实验任务的刺激和流程及统计方法。

3.3.1 实验被试

本实验根据计划招募总计 51 名中国大学生被试（汉族，其中包括女性被试 26 人），平均年龄 22.16 岁（$M \pm SD = 22.16 \pm 0.22$ 岁）。所有被试均报告不存在任何精神疾病、药物滥用或酒精滥用情况。所有女性被试均没有使用口服避孕药或者使用药物调节生理周期。女性被试使用鼻喷催产素（或安慰剂）以及整个任务避开其生理期。根据对女性被试自我报告的推算，他们第一次参加任务时处于卵泡期（follicular）或者黄体期（luteal），其中大部分人处于黄体期（19/26 人）。

本研究采用双盲被试间设计（double-blind between-subject design），被试被随机分配到实验组和控制组，实验组使用催产素鼻喷剂（男性：14 人；女性：13 人），控制组使用安慰剂鼻喷剂（男性：11 人；女性：13 人）。本研究通过电子科技大学伦理委员会的同意。参与本实验的所有被试被告知他们的参与完全是自愿的，可以随时离开结束实验，他们的数据是完全保密的，并且在发表时将被匿名使用。所有被试签署了知情同意书，所有实验结束之后，被试获得一定数量的报酬，所有参与者对实验假设都不清楚。

3.3.2　实验流程

所有被试到达实验室之后首先完成了一系列问卷，用来测量个体的人格、情绪等特征，其中包括贝克抑郁自评量表（beck depression inventory，BDI–II）（Beck，Steer，and Brown，1996）、共情量表（empathy quotient，EQ）（Baron–Cohen and Wheelwright，2004）、大五人格量表（NEO five factor inventory，NEO–FFI）（Costa and McCrae，1989）、积极 – 消极情绪量表（positive and negative affect schedule，PANAS）（Watson，Clark，and Tellegen，1988）、状态 – 特质焦虑量表（state–trait anxiety inventory，STAI）（Spielberger，1983）以及自尊量表（self–esteem scale，SES）（Rosenberg，1989）。

完成问卷之后每名被试在实验者的指导下鼻喷了单剂量的催产素（6次，左右鼻孔各 3 次，共计 24 IU）或安慰剂（6 次，左右鼻孔各 3 次，共计 24 IU。该安慰剂和催产素有相同包装，含有除神经肽催产素以外的其他成分）。与之前的研究一致（Guastella et al.，2013；Striepens et al.，2011），为了最大限度提高脑脊液中催产素浓度，正式任务开始于药物鼻喷后 45 min（Born et al.，2002；Chang et al.，2012；Striepens et al.，2013）。实验结束后被试报告了自己对所喷药剂的判断，结果显示，判断和猜测水平没有显著差别，证实了双盲测试的有效性。

3.3.3　刺激材料

本实验所有的刺激材料均来自互联网公开图片。我们选择的社会性刺激和非社会性刺激分别来自4个国家或地区（中国大陆，中国台湾地区，日本以及韩国），刺激类型都被认为可以代表相应的社会文化，其中，中国刺激可以激发民族认同和民族自豪感。最终共获得刺激材料96张，其中，社会性刺激主要包括人物、团体或名字等（48张），非社会性刺激主要包括符号、消费品、著名企业等（48张）。实验刺激采用事件设计（event-design），96张刺激图片随机呈现。

每个试次首先呈现注视点（0.5～1.5 s），之后每张刺激图片先单独呈现3 s，然后被试需要依次回答3个问题，在此期间图片始终呈现不消失。问题依次是要求被试评价对该刺激的喜爱程度、唤醒度、熟悉程度。每个问题有3 s作答时间，所有问题采用李克特9点评分，被试观看刺激并移动滑块到相应的数字作答。所有刺激呈现和被试作答均通过E-prime软件实现。

具体来看，刺激包括社会性刺激（1：当前领导人；2：男性奥运会金牌冠军；3：女性奥运会金牌冠军；4：男性著名乒乓球运动员；5：女性著名乒乓球运动员；6：男子足球队；7：普通学生；8：穿着传统婚纱的新人；9：进行武术对抗表演的男性；10：穿着传统的戏剧服装的男性和女性；11：穿着传统服饰的男女；12：典型名字）和非社会性刺激（1：旗帜；2：旗帜地图；3：城市；4：古老的标志性建筑；5：现代化标志性建筑；6：标志性历史遗迹；7：纸币[①]；8：传统食物；9：著名的超市品牌；10：带有制造商标志的中端汽车；11：带有制造商标志的经济型汽车；12：带有制造商名称的价值相似的触屏手机）。为了帮助被试识别图片中人物或事物的来源地，图片下面会显示相应的标志。任务开始前已向被试呈现所有标志并确认被试非常熟悉其所代表的含义。

---

① 100元人民币及同等价值其他货币。

我们首先让一个独立的被试群体（20 人，男性和女性各 10 人）采用 9 点计分评估了中国社会性和非社会性刺激，问题包括：（1）喜爱程度；（2）该图片在多大程度上让你感到中国比其他国家好；（3）该图片在多大程度上让你为身为中国人而骄傲。结果显示，在中国的社会性刺激和非社会性刺激在其受欢迎程度和产生民族自豪感的能力方面没有显著差异。其中问题一（社会性：$M \pm SD = 6.95 \pm 0.29$，非社会性：$M \pm SD = 7.31 \pm 0.27$，$t_{(22)} = 0.95$，$p = 0.36$）；问题二（社会性：$M \pm SD = 6.75 \pm 0.26$，非社会性：$M \pm SD = 6.80 \pm 0.24$，$t_{(22)} = 0.13$，$p = 0.90$）；问题三（社会性：$M \pm SD = 6.99 \pm 0.31$，非社会性：$M \pm SD = 6.96 \pm 0.22$，$t_{(22)} = 0.057$，$p = 0.96$）。在正式实验中，我们让被试只提供喜好程度的评分，避免让他们考虑自己的民族自豪感。

正式实验需要被试来实验室两次，第一次实验中（测试 1）被试坐在电脑屏幕前，要求他们观看并对四个国家（或地区）的社会性和非社会性刺激图片进行 1–9 的评定，包括（1）喜爱程度（1 = 非常不喜欢，5 = 中立和 9 = 非常喜欢）；（2）唤醒度（1 = 唤醒程度非常低，9 = 非常兴奋）；（3）熟悉程度（1 = 完全不熟悉，9 = 非常熟悉）。第二次实验（测试 2）为一周之后，被试在之前被告知将要完成另一个任务，但事实上他们会完成和上次相同的任务，仅仅是图片呈现顺序不同。在任务开始前他们同样完成了积极 – 消极情绪量表来保证两次测试中间没有产生巨大的情绪变化。所有的被试都完成了两次测试，只有在第一次实验使用了上述提到的鼻喷催产素或安慰剂。因为之前没有研究提到实验时间对催产素效应的影响，所以我们没有严格限定实验时间。两次实验测验集中在上午 9 点到下午 8 点（大部分为下午 2 点到 4 点），实验组和控制组之间，以及两次测验之间无显著差异（$p > 0.05$）。测试 1 和测试 2 两次的测试时间差异的均值小于 2 h。

3.3.4 统计方法

我们使用 SPSS 17.0（SPSS Inc.，Chicago，IL，USA）对所得数据进行分析。首先使用独立样本 t 检验对催产素组和安慰剂组被试的年龄、性格、共情、焦虑或抑郁等问卷得分进行差异性分析，以检验两组被试得分之间是否有显著差异。同时使用相关样本 t 检验对被试两次测量的积极消极情绪量表得分进行分析，以检验两次测试之间被试的情绪状态之间是否有差异。

对被试的主观评定，根据不同的刺激类型和刺激来源对喜爱程度、唤醒度、熟悉程度分别计算了均值。之后进行重复测量方差分析，若交互效应显著则进行简单效应分析，使用 Bonferroni 多重比较矫正方法。在分析中，被试间因素为药物处理和性别，被试内因素为刺激来源（国家或地区）、刺激类型（社会性／非社会性）、测试次数（第一次／第二次），显著性水平为 $p < 0.05$。

为了探索催产素对不同的刺激类型的具体效应，进一步分析中我们在社会性刺激和非社会性刺激中分别使用重复测量方差分析，这里将 $p < 0.025$ 作为显著性水平。为了排除唤醒度和熟悉程度对喜爱程度的影响，我们进一步把二者作为协变量对喜爱程度进行重复测量方差分析，显著性水平为 $p < 0.05$。此外，我们还分析了女性月经周期对催产素作用的影响。

3.4 群际关系对催产素作用调节的实验结果

独立样本 t 检验结果显示，催产素组和安慰剂组被试在年龄、人格、共情、焦虑和抑郁得分方面没有显著差异（$p > 0.097$）。配对样本 t 检验结果显示，被试在前后两次测试之前完成的积极－消极情绪量表（PANAS）得分上也没有显著的差异（见表 3–1）。

表 3-1　被试的年龄和问卷得分（$M \pm$ SD）

测量	安慰剂组	催产素组	t 值	p 值
年龄（岁）	22.0 ± 0.3	22.3 ± 0.3	-0.86	0.395
大五人格问卷				
神经质	34.4 ± 2.1	33.0 ± 1.4	0.56	0.577
外向性	39.4 ± 1.3	40.5 ± 1.3	-0.62	0.541
开放性	39.5 ± 1.1	40.0 ± 1.2	-0.28	0.781
宜人性	40.3 ± 1.1	41.7 ± 0.8	-1.05	0.301
尽责性	40.9 ± 1.1	42.7 ± 1.1	-1.15	0.256
自尊量表（SES）	33.0 ± 0.9	33.6 ± 0.7	-0.61	0.548
共情量表（EQ）	36.4 ± 1.4	37.0 ± 1.5	-0.32	0.752
贝克抑郁量表（BDI-II）	8.3 ± 1.5	9.5 ± 1.2	-0.64	0.524
状态 – 特质焦虑问卷（STAI）				
状态焦虑	42.0 ± 2.0	37.6 ± 1.7	1.69	0.097
特质焦虑	43.8 ± 2.0	40.1 ± 1.8	1.40	0.167
积极 – 消极情绪量表 PANAS—积极				
测试 1	27.9 ± 1.5	29.3 ± 1.0	-0.81	0.424
测试 2	27.1 ± 1.5	26.5 ± 2.0	0.21	0.831
积极 – 消极情绪量表 PANAS—消极				
测试 1	19.0 ± 1.3	17.8 ± 1.1	0.76	0.453
测试 2	16.9 ± 1.1	14.9 ± 1.6	1.04	0.307

对于喜爱程度评定得分，重复测量方差分析发现刺激类型（社会性 / 非社会性）的主效应（$F_{(1, 47)} = 61.60$，$p < 0.000\,1$，$\eta^2 = 0.576$）和刺激来源的主效应显著（$F_{(3, 141)} = 138.53$，$p < 0.000\,1$，$\eta^2 = 0.747$），并且二者的交互作用显著（$F_{(3, 141)} = 6.18$，$p = 0.002$，$\eta^2 = 0.116$）。这是由于非社会性刺激的喜爱程度评分显著高于社会性刺激，而且正如我们预测的一样，被试表现出了民族中心主义的特点，即被试对来自中国大陆的刺激材料（包括社会性刺激和非社会性刺激）评分最高，之后依次是中国台湾地区，韩国和日本。事后比较进一步发现，前后两次测验中被试对中国大陆的刺激材料喜爱程度最高（社会性刺激和非社会性刺激，$p < 0.001$），对中国台湾地区的刺激材料评分显著高于韩国和日本（$p < 0.01$），对韩国的刺激材料评分显著高于日本，$p < 0.001$）。我们还发现刺激类型 × 刺激来源 × 性别的交互作用显著（$F_{(3, 141)} = 2.90$，$p = 0.037$，$\eta^2 = 0.058$），

具体表现为男性被试对中国大陆及中国台湾地区非社会性刺激的喜爱程度较高，而女性则对日本和韩国社会性刺激评分较低，尽管没有达到显著差异（$p > 0.176$）。更重要的是，我们发现了药物处理 × 刺激类型 × 刺激来源的交互作用（$F_{(3, 141)} = 4.26$，$p = 0.007$，$\eta^2 = 0.083$），在两次测验中催产素提高被试对中国社会性刺激的喜爱，而对非社会性刺激的喜爱程度没有显著提高（催产素和安慰剂组对中国社会性刺激喜爱程度的对比：测试 1，$p = 0.009\ 6$；测试 2，$p = 0.006\ 5$）。前后两次测验总体上没有显著差异（中国社会性：安慰剂组，$p = 0.76$；催产素组，$p = 0.50$；中国非社会性：安慰剂组，$p = 0.33$；催产素组，$p = 0.77$）。催产素对其他社会性刺激没有作用（测试 1：中国台湾地区，$p = 0.745$；日本，$p = 0.455$；韩国，$p = 0.292$；测试 2：中国台湾地区，$p = 0.510$；日本，$p = 0.708$；韩国，$p = 0.177$）。同样，来自这三个地方的社会性刺激前后两次测验总体上没有显著差异（所有 $p > 0.1$）。我们还发现测验次数 × 药物处理 × 性别的交互作用显著（$F_{(3, 141)} = 5.80$，$p = 0.020$，$\eta^2 = 0.110$）。这是因为安慰剂组的女性被试在测试 2 中的喜爱程度评分整体低于测试 1（$p = 0.015$），而催产素组的女性被试以及全部的男性被试在两次测试中评分相似（见图 3–1）。

为了进一步排除女性生理周期和药物处理之间可能存在的交互效应，我们单独在测验 1 中进行了重复测量方差分析，生理期作为被试间变量（催产素组：卵泡期 4 人，黄体期 9 人；安慰剂组卵泡期 3 人，黄体期 10 人）。结果没有发现生理周期的主效应（$F_{(1, 22)} = 0.534$，$p = 0.473$，$\eta^2 = 0.024$）以及生理周期和药物处理的交互作用（$F_{(1, 22)} = 0.251$，$p = 0.621$，$\eta^2 = 0.011$）。

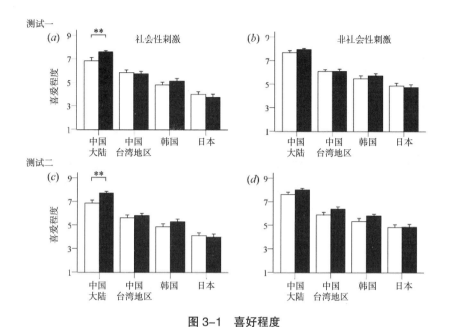

图 3-1　喜好程度

　　注：该柱状图展示了第一次测验（c，b）和第二次测验（c，d）中，催产素组（黑色）和安慰剂组（白色）被试对社会性刺激（a，c）和非社会性刺激（b，d）的喜爱程度的 M 和 SD。**$p < 0.01$，*$p < 0.05$。

　　考虑到社会性刺激和非社会性刺激还包含了单独的小类别（社会性刺激和非社会性刺激各有 5 类），我们推测也许因为情境设置会使催产素对不同的小类别有不同的作用，因而，我们对两次测量进行了进一步分析，把小类别纳入分析作为被试内变量。社会性刺激包含：领导人照片、著名体育明星、穿校服的学生、穿着传统服饰的成年人、典型名字；非社会性刺激包含：旗帜、古迹或建筑、钱币、食品及食品超市、商品。

　　初步的分析显示在测试 1 和测试 2 中不同类别的分数之间并没有显著的差异，同样将两次测试合并也没有差异。之后我们对社会性刺激和非社会性刺激分开进行重复测量方差分析，刺激类别（$n = 5$）、刺激来源作为被试内变量，药物处理和性别作为被试间变量。对社会性刺激，类别（$F_{(4, 47)} = 22.67$，$p < 0.000\,1$，$\eta^2 = 0.325$）、刺激来源（$F_{(3, 47)} = 111.79$，

$p < 0.000\ 1$，$\eta^2 = 0.704$）的主效应以及二者的交互作用（$F_{(12,\ 47)} =$ 13.92，$p < 0.000\ 1$，$\eta^2 = 0.229$）显著。这表明被试对不同类别的刺激评分有差异。药物处理和类别的交互作用不显著（$F_{(4,\ 47)} = 0.169$，$p = 0.954$，$\eta^2 = 0.004$），表明催产素的作用对不同类别的作用是相似的。药物处理和刺激来源的交互作用边缘显著（$F_{(3,\ 47)} = 2.89$，$p = 0.038$，$\eta^2 = 0.058$，使用 $p < 0.025$ 作为显著性水平），主要是因为催产素的作用主要表现在对中国刺激的改变（$p = 0.014$）。没有其他主效应或交互作用显著。对非社会性刺激，也同样有类别（$F_{(4,\ 47)} = 25.05$，$p < 0.000\ 1$，$\eta^2 = 0.348$）和刺激来源（$F_{(3,\ 47)} = 151.52$，$p < 0.000\ 1$，$\eta^2 = 0.763$）的主效应以及二者的交互作用（$F_{(12,\ 47)} = 34.02$，$p < 0.000\ 1$，$\eta^2 = 0.420$）。没有药物处理和类别的交互作用（$F_{(4,\ 47)} = 1.528$，$p = 0.196$，$\eta^2 = 0.031$），但药物处理 × 刺激来源 × 类别的交互作用显著（$F_{(12,\ 47)} = 2.13$，$p = 0.014$，$\eta^2 = 0.043$）。事后分析显示，催产素显著提高了被试对中国旗帜的喜爱程度（$p = 0.005$），降低了对日本食物、食物超市的喜爱程度（$p = 0.029$）。没发现其他类别下的显著效应（所有 $p > 0.1$）。此外，没有其他显著的主效应或交互作用。

对于唤醒度评分的数据分析发现刺激类型（$F_{(1,\ 47)} = 13.82$，$p = 0.001$，$\eta^2 = 0.227$）和刺激来源（$F_{(3,\ 141)} = 86.15$，$p < 0.000\ 1$，$\eta^2 = 0.647$）的主效应。事后分析发现，非社会性刺激的唤醒度比社会性刺激的唤醒度高，而中国大陆刺激的唤醒度显著高于中国台湾地区，日本、韩国刺激的唤醒度。与之前预测的一样，本实验没有发现催产素对唤醒度的调节作用。类似的，我们在进一步划分5种类型的重复测量方差分析中，发现药物处理 × 刺激类别、药物处理 × 刺激来源以及药物处理 × 刺激来源 × 刺激类别的交互作用分别在社会性刺激和非社会性刺激中都不显著（所有 $p > 0.66$），进一步证实了催产素不对唤醒度评价起作用（见图3-2）。

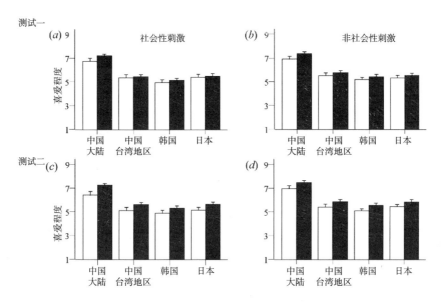

图 3-2　社会性刺激和非社会性刺激的唤醒度评分

注：该柱状图展示了第一次测验（a，b）和第二次测验（c，d）中，催产素组（黑色）和安慰剂组（白色）被试对社会性刺激（a，c）和非社会性刺激（b，d）的唤醒度的 M 和 SD。

对熟悉程度评分的分析发现了刺激类型（$F_{(1, 47)} = 33.84$，$p < 0.0001$，$\eta^2 = 0.419$）、刺激来源（$F_{(3, 141)} = 318.82$，$p < 0.0001$，$\eta^2 = 0.872$）的主效应以及二者的交互作用（$F_{(3, 141)} = 8.25$，$p < 0.0001$，$\eta^2 = 0.149$）。非社会性刺激的熟悉程度显著高于社会性刺激（所有 $p < 0.01$），对中国大陆社会性刺激和非社会性刺激熟悉程度最高（$p < 0.0001$），之后依次是中国台湾地区，日本、韩国的社会性刺激或非社会性刺激。测试次数 × 刺激来源的交互作用显著（$F_{(3, 141)} = 3.81$，$p = 0.012$，$\eta^2 = 0.075$），主要由于被试在第二次测验中对中国台湾地区刺激熟悉度提高（$p = 0.010$）。测试次数 × 药物处理 × 性别的交互作用边缘显著（$F_{(3, 141)} = 3.76$，$p = 0.059$，$\eta^2 = 0.074$），事后分析发现催产素组男性第二次测验的熟悉度评分显著高于第一次（$p = 0.02$）。类似的，具体对社会性刺激和非社会性刺激

分开来看，不同分类的考察没有发现任何关于催产素的主效应或交互效应（所有 $p > 0.224$），表明催产素没有对特定类别起作用（见图 3-3）。

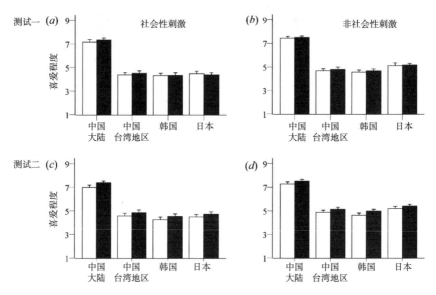

图 3-3 社会性刺激与非社会性刺激熟悉程度评分

注：该柱状图展示了第一次测验（a，b）和第二次测验（c，d）中，催产素组（黑色）和安慰剂组（白色）被试对社会性刺激（a，c）和非社会性刺激（b，d）的熟悉程度的 M 和 SD。

和预测相同，我们并没有发现催产素对唤醒度和熟悉程度有显著的影响，但是我们同样进一步探索了这二者是否影响个体喜爱程度评价的催产素效应。我们在测试 1 和测试 2 中把唤醒度和熟悉程度作为协变量，分别进行了重复测量方差分析。在两次测验中同样发现了药物处理 × 刺激类型 × 刺激来源的交互作用显著或边缘显著 [测验 1：$F_{(3, 141)} = 2.80$，$p = 0.043$，$\eta^2 = 0.058$；测验 2：$F_{(3, 141)} = 2.66$，$p = 0.051$，$\eta^2 = 0.056$]。事后分析同样表明，催产素组被试对中国社会刺激的喜爱程度显著增加，在测试 1 中结果显著（$p = 0.02$），在测试 2 中结果边缘显著（$p = 0.077$）。因此，虽然两次测验中催产素对唤醒度和熟悉程度的作用在一定程度上有助于提高中国社会刺激的喜爱程度，但其本身作用也显著。

3.5　分析讨论群际关系对催产素作用的调节

在本研究中，我们探讨了鼻喷催产素对社会奖赏信息加工的影响，以及内外群体的作用。我们的研究结果表明，鼻喷催产素提高中国男性和女性被试对内群体社会性刺激（中国大陆人物，如运动员、身着传统服饰的人群和学校的孩子等图片）的喜爱程度评价，而对其他亚洲地区（中国台湾地区，韩国、日本）的图片刺激没有显著作用。此外，催产素没有对文化标志（例如食物、钱币、城市、建筑、古迹）以及消费品（如超市、汽车、手机）的评价有显著作用。进一步对不同类别的刺激进行分析，发现非社会性刺激中，旗帜和旗帜地图也表现出了类似的催产素效应。尽管被试对外群体的社会性刺激和非社会性刺激的喜好程度表现出一定程度的外群体贬损（评分为不喜欢），但是总体来看催产素没有对外群体贬损有显著的影响（尽管催产素降低了被试对日本传统食物寿司及食品超市的喜欢）。催产素对各种社会性或非社会性刺激的唤醒度或熟悉程度评价没有显著的影响。更重要的是，我们间隔 1 周后进行了一次重复实验，还发现催产素的效应在鼻喷 1 周后的第二次测验时仍然存在。我们的研究结果首次表明，在使用鼻喷催产素后一段时间内，其对行为影响可以维持一段时间，而不仅仅局限于鼻喷催产素后浓度提高的阶段。这与催产素影响刺激初次加工过程和结果的观点相似。虽然在催产素鼻喷后，本国社会性刺激的受欢迎程度提升幅度相对较小，但在不同的刺激类别中，它们的变化却非常一致。催产素作用最明显的类别为身着各种形式的传统服饰的人和体育明星，紧随其后的是现任的领导人，只有典型名字没有显著提高。不同于之前的大部分报告了类似催产素效应的关于社会吸引力的研究，都倾向于使用相对中性的刺激材料（Striepens et al.，2014；Theodoridou et al.，2009），本研究中的刺激材料更加积极。有趣的是，尽管控制组被试在中国的社会性刺激喜好度评分已经很高（均值：6.88/9），鼻喷催产素仍然能够使其进一步增加（均值：7.69/9），表明催产素的作用比我们想象的更加强。

催产素对民族中心主义的调节总体来看没有表现在商业产品上（即催产素没有促进"原产地效应"），也没有影响到古代或现代建筑以及钱币等标志性物品。人们对非社会性图片比社会性图片的喜爱程度还略高一些，因此，催产素对它们的作用不显著不太可能是因为它们不那么有趣。由于对大多数非社会性刺激的喜爱程度都很高，所以催产素的效应可能被潜在的"天花板效应"所掩盖，尽管与社会性刺激相比，两者之间差别很小，而催产素对本国社会性刺激效应显著。

此外，尽管在控制组中被试对旗帜图片的喜爱程度给出高评分，但催产素依然对其有显著提高作用。之前的研究表明，旗帜是一种有效的刺激，即使是潜意识的暴露环境也会影响其思想和行为（Hassin et al.，2007），以及受内群体规范价值所影响（Sibley，Hoverd，and Duckitt，2011），因此，这可能代表了一种情境，即非社会刺激可以有效地与社会联系，从而成为社会联系的结果。也有可能催产素不是作用于社会刺激本身，而是增加个人的民族信仰和自豪，而我们之前预实验发现社会性刺激和非社会性刺激在唤起民族自豪感的程度评分没有显著差异。尽管使用的两张图片确实引发了很高的民族自豪感，但北京和紫禁城等国家的标志性象征评分却更高。因此，催产素效应不太可能仅仅是与社会性或非社会性刺激引起的民族自豪感相关。当前研究中，在所有的图片刺激下面都展示了一个小的旗帜，以保证被试正确地识别出图片展示人或物的来源，这有可能是我们在社会性刺激和非社会性刺激中都观察到了民族中心主义的原因。然而，尽管催产素提高了被试对实验刺激中国国旗的喜爱程度评分，但是这种效应似乎并没有延伸到所有刺激图片下方的小旗图标上。因为如果是这样的话，那么所有的社会性刺激和非社会性刺激图片都将表现出催产素效应，而事实上并没有。因此，似乎催产素效应主要来自人们注意焦点的目标刺激图像。根据催产素的趋近－回避假说，催产素主要作用于社会性刺激加工，增强社交线索的显著性，不是因为它们是社会性的，而是因为它们与个人相关并能唤起情感，因此，表现出催产素效应的情境性（Harari-Dahan and Bernstein，2017）。

之前有一些研究发现，催产素影响个体对"内群体"或"外群体"成员的行为或态度（Bakermans-Kranenburg et al.，2012），我们的主要结果与大多数的影响结果一致，即催产素提高"内群体偏好"，但对"外群体贬损"没有显著影响。事实上，对于后者来说，唯一的间接证据是，催产素使被试对食品相关的刺激的喜爱程度明显下降。然而，尽管民族中心主义既包括"内群体偏好"也包括"外群体贬损"，但有研究表明，民族中心主义的这两个部分是可分离的结构（Bizumic and Duckitt，2012），因此，催产素只对"内群体偏好"起作用是有可能的。

据我们了解，之前没有研究考察催产素对"内群体偏好"（民族中心主义）影响的性别差异。尽管很多证据表明，催产素对个体生理和情绪的影响存在性别差异（Ditzen et al.，2013；Fischer-Shofty et al.，2013；Hoge et al.，2014；Kubzansky et al.，2012；Yao et al.，2014），但不同于预期，我们在当前的研究情境中没有发现显著性别差异。最近一项研究显示，催产素提高外群体疼痛共情，但同样没有发现性别差异（Shamay-Tsoory et al.，2013）。因此，催产素效应的性别差异可能是情境依赖的，或取决于任务类型。

另外，虽然我们并没有精确控制女性被试参与实验时的月经期，但我们没有发现卵泡期和黄体期的主效应，以及药物处理和月经周期之间的交互作用。其他一些研究也没发现月经周期对催产素作用的影响（Domes et al.，2010；Theodoridou et al.，2009）。然而，尽管当前研究我们特意选择了对男性和女性都有相似吸引力的图片，但如果我们使用一个更大的样本量或扩大刺激量，可能会有其他发现。

我们的研究还发现，催产素作用下中国社会性刺激和旗帜图片的喜爱程度提升，这种提升至少持续了一周。这表明，在使用了鼻喷催产素增加脑内催产素浓度之后，即使随时间浓度下降，其对行为的影响也可以保持。一种可能的原因是在第一次测验评定过程中催产素促进了个体对特定刺激的学习，因而导致第二次测量时催产素效应仍在。另一种可能是催产素整体上提高了对这些刺激的喜爱程度。当然也可能是两种因素共同作用的结果。尽管根据我们的实验设计无法很好地区分这两种解释，但有趣的是，控制组的女性被试在第二次测验中对所有地区的刺激喜好程度都明显下降，而在催产素组中则不存在这样的改变。因此，至少对于女性来说，在测试二中给出的喜爱程度评分不是简单地从测试一中学习和复制的，而是得到了修正。另一方面，在女性催产素组中，被试在第二次测试中基本维持了喜爱程度评分可能是由于催产素作用下更强的学习作用，或者可能被试第二次测试时不愿意修改他们的评分。后续的研究探究催产素对学习的作用可能有助于我们验证该作用机制。

动物实验表明，在催产素浓度升高的情况下，尤其是在社会性刺激识别任务中，神经可塑性和学习效果都提高了（Ferri and Flanagan-Cato，2012；Kendrick，2000）。对于人类被试来说，催产素也同样促进社会反馈的学习（Hurlemann et al.，2010）。然而，尽管在目前的实验中我们无法确定催产素鼻喷一周后依然对喜爱程度评定有影响的准确机制，但是显然在某些情况下，行为偏好的改变可以在催产素鼻喷之后很长一段时间依然保持。这可能对潜在的催产素治疗方案的确定具有重要的意义，而之前催产素在使用时通常每日给药。在某些情况下，当鼻喷催产素与行为训练结合在一起时，降低给药频率依然可以有效地影响长期行为变化，并降低可能的受体脱敏问题的风险。有证据表明，使用催产素鼻喷剂后人类（Striepens et al.，2013）以及猴子（Chang et al.，2012）脑脊液（Cerebral Spinal Fluid，CSF）催产素浓度升高，其他类似的多肽也是这样的（Born et al.，2002）。而且普遍认为，鼻喷催产素可以穿过血脑屏障进入大脑脑脊髓系统（Neumann et al.，2013；Striepens et al.，2013；Striepens et al.，2011）。鼻喷之后脑脊液中催产素浓度提高的时长还没有确定，但是最近在老鼠体内进行的活体微透析（Neumann et al.，2013）以及之前的关于新出生羊体内的内源性催产素研究（Kendrick et al.，1991）都表明它们不太可能坚持几个小时以上。

在两次测验中，催产素对刺激的唤醒度和熟悉度的评分没有显著的影响，而且即使把它们作为协变量，催产素对喜爱程度评分的影响仍然存在，尽管显著程度降低了。因此，不太可能是因为唤醒程度增强或者两次测验使刺激材料熟悉程度升高，而导致在实验中催产素提高两次测验中被试对中国本国社会性刺激和旗帜图片的喜爱程度。这与其他一些研究结果一致，都没有发现催产素对唤醒度的影响（Scheele et al.，2012；Striepens et al.，2014；Striepens et al.，2012）。然而，我们不能完全排除唤醒度和熟悉程度影响催产素对喜爱程度的可能性。之前有研究表明，催产素提高人物面孔的吸引力评价，并且相应的在纹状体奖赏区域的神经活动有所增加（Scheele et al.，2013；Striepens et al.，2014）。因此，在本研究中催产素对中国刺激图片的偏好也可能和催产素对奖赏系统的作用有关，这个猜想还需要进一步的实验验证。

本研究也存在一些局限。首先在刺激材料的选择上，尽管我们特意选取了许多不同的社会性刺激类型和非社会性刺激类型，结果确实揭示了一些关于催产素的效应，但是每个国家（或地区）的图片刺激数量较少，如果增加刺激类型和刺激数量可能有更多的发现。另一个不足之处在于，每个被试完成任务的时间段不固定，这有可能对结果产生影响。虽然内源性脑脊液催产素浓度可能存在昼夜变化，但此前的研究并没有表明施测时间对鼻喷催产素的作用有影响。重要的一点是，实验组和控制组施测时间差没有显著差异，并且每个被试两次测试的时间点之间差距在 2 h 以内。最后，正如我们之前已经提过，本研究无法证实催产素作用的维持是由于普遍的提高还是影响了第一次的学习过程，后续研究可以对催产素效应的持续做进一步的探索。

3.6 本章小结

催产素提高男性的内群体偏好和民族中心主义。最新研究发现，催产素系统的增强活动促进了社会规范遵从性，从而导致对外群体成员的利他行为，即使在最自私和最排外的人身上也能表现出这种利他行为。催产素似乎激发并使人类：① 喜欢和同情他们的群体；② 遵守群体规范和文化实践；③ 回报信任和合作，而这可能会引起群体间的歧视，有时甚至是防御性地攻击威胁（成员）的外群体。然而我们不知道这种作用是否同样作用于女性以及是否扩展到对非社会性刺激的态度。本章详细论述了"群体关系对催产素作用的影响"这一问题的提出依据、实验设计方法、数据分析、结果讨论。本研究采用行为实验方法，被试间双盲设计，51 名被试在使用 24 IU 的鼻喷催产素或安慰剂后对来自不同群体的社会性刺激或非社会性刺激作出喜爱程度评价。研究发现，催产素对男性和女性被试的民族中心主义都有显著提升作用，提高了他们对来自本国的社会性刺激图片以及旗帜的喜爱程度。尽管研究发现，被试不喜欢某些外群体刺激，但没有强有力的证据表明，催产素对来自其他亚洲国家（或地区）的社会或非社会刺激有显著的影响。该研究结果与之前相关的研究结果一致。此外，研究还发现，单次催产素药物处理对个体行为的影响至少可以维持1周。并且，本研究并没有发现催产素作用的性别差异。

第4章　亲密关系对催产素作用的调节

4.1　亲密关系研究背景

4.1.1　亲密关系和奖赏

　　人类作为社会性动物有亲近他人的倾向，尤其是在涉及情感加工的情境中。在生命历程中，人们的健康与他们的亲密关系息息相关。社会奖赏和社会交往是理解人类社会行为动机的核心概念。从进化的观点来看，寻求奖赏作为目标的能力对于生物的生存和繁衍是至关重要的。社交行为，例如和他人分享自己的情绪体验本身就是一种奖赏。在研究中发现了社会活动对奖赏回路的激活，例如这些研究使用了诸如美丽的面孔、社交互动、情绪词汇、令人愉快的触摸等作为刺激材料（Walter et al., 2005）。社会交往的奖赏属性对于社会行为的表达和社会关系的发展是至关重要的。

　　动物实验研究表明，实现奖赏效应的神经结构主要是中脑－皮质－边缘多巴胺系统（mesocorticolimbic dopamine system, MCLDS），而人类也存在相似的系统。在此系统中，多巴胺神经元的胞体主要位于中脑腹侧被盖区（ventral tegmental area，VTA），VTA 直接或间接通过杏仁核（amygdala）、终纹床核（bed nucleus of the stria terminalis，BNST）投射到伏核（nucleus accumbens，NAcc），由此再投射至腹侧苍白球（ventral pallidum，VP）和丘脑（thalamus），丘脑投射于前额叶皮层（prefrontal cortex，PFC）和扣带回（cingulate cortex），在此激活了至 VTA 的反馈神经元。该奖赏环路不仅适用于药物奖赏，而且适用于调制社会交往的动机成分，包括配偶关系的建立、配偶偏好、母子互动和其他形式的社会联系。其他脑成像研究发现，观看恋人的面孔并回忆相关浪漫经历可以激活大脑奖赏区域，包括腹侧被盖区（VTA）、伏隔核（NAcc）、尾核（caudate）、豆状核（lentiform nuclei）等（Acevedo et al.，2012）。

此外，亲密的社会交往能降低个体应激反应，对情绪和生理健康产生积极作用，并由此促进人类社会脑的发育。相反，缺乏或不健康的社会交往则对身心健康不利。利用社会支持来调节压力的能力对精神和身体健康至关重要。与没有获得支持的个体相比，那些获得家庭、配偶或朋友的心理支持的人更加健康。例如，社区、疗养院和医院的实地研究提供了相关证据，证明在有压力的生活事件期间，社会支持对内分泌和免疫系统有好处。除了奖赏作用之外，社会支持的存在也可以减少压力反应。之前的研究表明，社会支持能降低皮质醇（Ditzen et al.，2008）和心血管（Uchino and Garvey，1997）对压力的反应。

友谊是一种重要的社会关系，尤其是对于青少年来讲。朋友提供道德和情感支持，帮助个体免受外部威胁以及减轻个体在群体中生活的压力，在需要时提供帮助。大量研究表明，良好的友谊关系有助于青少年的积极适应。例如，拥有高质量友谊的青少年抑郁、焦虑（La Greca and Harrison，2005；Mounts et al.，2006）及孤独感（Kingery and Erdley，2007；Kingery，Erdley，and Marshall，2011）等不良情绪水平更低。反之，孤独症、精神分裂症往往伴随有社会交往和交流的缺陷或损伤（Van Ree et al.，2000）。目前，在实验条件下，研究的重点是陪伴对个体表现的影响。与单独一人相比，仅仅他人在场，以及与同伴的互动，就具有奖赏效果并激活大量脑区，包括杏仁核和海马体，伏隔核、内侧眶额皮层、腹内侧前额叶皮层以及背外侧前额叶，并且可能伴随着显著的行为改变（Nawa et al.，2008；Schilbach et al.，2009）。最新研究发现，当和好朋友共同观看情绪图片，即使没有任何的交流互动，也可以使个体对于正性和负性图片的评定更加积极，并且激活了包括腹侧纹状体（ventral striatum，VS）和腹内侧前额叶以及眶额叶在内的大脑奖赏区域（Wagner et al.，2015）。有证据表明，亲密关系是一种关键的调节变量，对个体而言，与朋友的互动比与陌生他人的互动更加舒适（Güroğlu et al.，2008）。与朋友交谈或牵手可以降低心理和生理上对压力的反应（Coan，Schaefer，and Davidson，2006）。更重要的是，与朋友而不是陌生人在一起会让个体的态度更加积极（Coker，Altobello，and Balasubramanian，2013）。来自啮齿动物和人类的证据表明，同性之间的社会交往对于女性来说可能比对于男性来说更有价值（Borland et al.，2018；Feng et al.，2015）。

4.1.2 依　恋

依恋理论（attachment theory，AT）自提出以来，已经成为描述个体差异、建立和维持人与人之间社会关系的重要心理理论之一。这个理论依赖于这样一种假设，即每个人都有天生的依恋系统，其生理功能是在需要时或存在威胁时获得或保持与重要他人的接近，从而调节对寻求支持的行为，是人类生活和情感的重要组成部分。

最初提出依恋时用来描述母婴依恋，通常情况下看护者与婴儿建立联结，婴儿对看护者产生依恋，建立了对各种可能结果的预测和心理模拟。

但依恋还可以用来描述其他的关系，比如恋人关系。也有学者把友谊关系描述为类似于依恋的动机系统（Rubin et al., 2004）。成人依恋类型（adult attachment style，AAS）指的是一种个性特征，可以强烈影响情感连接关系和对他人的反应。行为研究表明，成人依恋类型反映了个体对支持或冲突的社会信号的敏感性的差异。因而成人依恋类型可能会影响与其他亲密个体（例如伴侣）关系中的反应模式，它也被认为在个体与其他人的互动或社会评估等不同的情境中起作用（Niedenthal et al., 2002；Shaver and Mikulincer, 2007；Vrtička and Vuilleumier, 2012）。通常认为，个体在依恋类型上的差异对社会和情感功能的影响远远超出了对父母和伴侣依恋的特定行为（Vrticka and Vuilleumier, 2012）。

依恋类型是从唤醒调节来讲的。经典成人依恋类型分为三个主要类型：安全型、焦虑型和回避型。依恋类型为安全型的个体拥有更大的自信和更好的情绪调节，可能通过寻求社会支持来调节对压力的生理反应。而不安全依恋的个体更容易产生压力并且产生情绪障碍。两种经典的不安全依恋模式为回避型和焦虑 - 矛盾型。相比之下，依恋类型为不安全型的个体在下丘脑垂体肾上腺（hypothalamus–pituitary–adrenal，HPA）和自主神经系统在压力下会有激活不足或过激的反应。研究显示了不安全型依恋和社交焦虑之间呈正相关。因此，依恋焦虑在依恋关系和社会焦虑之间的关系中，可能比回避更重要。安全型依恋个体面对压力是应激反应较轻。与安全依恋个体相比，恐惧和悲伤等负面情绪刺激或消极社会情境对高焦虑个体有更高的唤醒度，但是评价更低；而积极情绪、积极的社会情境对高回避型个体有更低的唤醒度（Rognoni et al., 2008；Vrtička, Sander, and Vuilleumier, 2012），并且评价更低。除了情感之外，依恋关系还对信息处理有影响。焦虑型依恋导致了对依恋相关信息的强化处理，而回避型依恋则会产生相反的效果（Mikulincer, Gillath, and Shaver, 2002）。

个体依恋类型是通过人际关系历史和个体倾向之间的相互作用建立起来的，可能会影响在社交场合中趋近和回避倾向的编码（安全与威胁），涉及了广泛的大脑皮层（杏仁核、海马体、纹状体）和皮质边缘区域（脑岛、扣带回）的激活。这些基本的情感评估机制反过来被更复杂的认知控制过程所调节，促进心理归因和情感调节能力，涉及了内侧前额叶皮层（medial prefrontal cortex，mPFC）、颞上沟（superior temporal sulcus，STS）和颞顶联合区（temporo-parietal junction，TPJ）等（Vrticka and Vuilleumier，2012）。然而，人们对于依恋的神经生物学基础以及它们对一系列社会和情感行为的影响所知甚少。

　　大量关于情感任务的脑成像研究证实依恋类型可以调节杏仁核激活。不安全依恋的个体在任务中杏仁核激活更强，意味着在面对社会惩罚或威胁时有更强的敏感性，反映出对依恋需求的过度激活（Denny et al.，2015；Lemche et al.，2006；Riem et al.，2012）。在一项研究中，控制组被试的依恋焦虑和依恋回避水平与杏仁核对威胁面孔的激活呈正相关，而对于接受了安全依恋启动的实验组被试来说，这种相关关系消失。此外，接受了安全依恋启动的被试在情感面孔和点探测任务中均表现出杏仁核激活降低（Norman et al.，2015）。

　　成人依恋可能是解释个体因素在压力相关疾病和唤醒调节中的作用的重要因素。依恋障碍现在被认为是导致各种情绪和社会困扰的重要因素之一，这就需要我们更好地理解其认知基础以及他们的神经基质。这样做可以为未来的研究提供新颖的途径，不仅可以更好地理解人类的正常社会行为，包括个体差异；同时也阐明了一些与社会情绪功能障碍相关的病症或病理，比如自闭症（Andari et al.，2010）、精神分裂症（Abdi and Sharma，2004）、边缘型人格障碍（Fonagy and Luyten，2009）。

4.2 亲密关系对催产素作用的影响

人类个体高度依赖于他们的社会关系并且有强烈的动机去形成和维持亲密的人际关系，比如配偶关系、群体关系以及友谊关系（Baumeister and Leary，1995）。建立友谊的动机可能是由于友谊对幸福体验的积极影响以及在社交中分享情绪的快乐体验（Gangestad and Grebe，2016）。大量实验室研究关注了他人陪伴对个体表现的影响。与独自一人完成任务相比，和朋友互动，甚至仅仅是由于他人在场，都会使被试获得奖赏，并且神经影像显示了包括杏仁核（amygdala）、海马（hippocampus）、伏隔核（nucleus accumbens）、内侧眶额叶（medial orbitofrontal cortex，OFC），以及腹内侧前额叶（ventromedial prefrontal cortex，vmPFC）和背外侧前额叶（dorsolateral prefrontal cortex ，dlPFC）的激活（Nawa et al.，2008；Schilbach et al.，2009）。与独自一人相比，仅仅是和朋友共同完成情绪加工的任务都有显著的奖赏作用，行为上表现为更积极的情感评价，神经生物学上表现为奖赏区域的激活，包括腹侧纹状体（ventral striatum，VS）和内侧眶额叶（Wagner et al.，2015）。另外，还有证据表明，个体和他人的亲密程度也是一个重要的调节因素，相对于陌生人而言，朋友带给个体的奖赏作用更明显。和朋友一起观看比起和陌生人一起观看使被试的态度更加积极（Coker et al.，2013）。除了奖赏效应，来自朋友的社会支持有效降低了个体的焦虑水平和应激反应。之前有研究发现，在实验室压力环境中，社会支持的有效性与心理应激水平或皮质醇反应（Ditzen et al.，2008；Kirschbaum et al.，1995）以及心血管反应（Uchino and Garvey，1997）呈负相关。

成人依恋类型是一种重要的人格特质成分，影响个体社交行为。本身依恋类型为安全型的个体可以与他人积极互动，有较低的应激反应。然而，对于有些个体来说，其自身依恋类型为不安全型依恋，对待亲密关系可能表现出高度的焦虑，进而影响其亲密关系的建立、维持和发展。焦虑依恋类型的个体依恋焦虑水平较高，可能会认为他人缺少互动或反应不一致，担心被拒绝，表现出对友好或敌对迹象的高度警觉（Manning et al.，2017）。前人研究发现，杏仁核激活反应与焦虑型依恋有关，这可能意味着他们对负性社会刺激更加敏感（Vrticka et al.，2008）。这样的个体不一定能在社会交往过程中体会到奖赏（Vrtička and Vuilleumier，2012），因而，比起具有安全型依恋人格的个体来说，他们在社交功能上也可能有所不足。具体地说，我们的研究结果表明，双侧杏仁核和左腹侧纹状体（腹侧壳核 / 伏隔核）激活在压力条件下与依恋不安全感呈正相关，双侧杏仁核激活与皮肤电自主反应呈正相关。在应激状态下，依恋不安全感和皮电自主反应也呈正相关（Lemche et al.，2006）。此外，有研究发现，积极依恋的启动效应可以降低杏仁核激活（Norman et al.，2015）。

人类社会关系的发展，规范和维护与人体激素系统有着很大的联系（Gangestad and Grebe，2016）。下丘脑多肽催产素是一种潜在的治疗焦虑症的药物，它在人类的社会和情感系统中扮演着重要的角色，在各种生活环境中都是关键的神经调节剂（MacDonald and Feifel，2014；Meyer-Lindenberg et al.，2011；Neumann and Slattery，2016）。催产素不仅促进社会认知，包括情绪识别（Shahrestani et al.，2013），也表现在不同情境中的社会交互行为，例如亲子连接（Feldman，2012），社会趋近（Preckel et al.，2014），积极沟通（Ditzen et al.，2009），社会合作（Declerck et al.，2014）以及情感表达（Lane et al.，2013）。

先前的发现表明哺乳动物的依恋是由催产素调节的，催产素主要与杏仁核和腹侧纹状体结合（Ferguson et al.，2001；Insel and Young，2001；Tomizawa et al.，2003）。越来越多的证据表明，与社会焦虑相关的依恋类型可能会受到催产素系统的影响。在具有不安全依恋的男性中，催产素会显著增加其对依恋安全的主观体验（Buchheim et al.，2009）。因此，催产素对不安全依恋个体的作用需要进一步的研究。

然而，越来越多的证据表明，催产素对大脑系统的影响广泛地依赖于任务和情境，以及实验个体的生理和心理特征（Bethlehem et al.，2013；Olff et al.，2013）。许多研究只发现了催产素针对群体内成员或亲密他人的影响，而不是针对陌生人的影响。例如，催产素增强了内群体偏好以及合作（De Dreu，2012a；Ma et al.，2014b）以及在社会压力下对内群体成员的从众行为（Stallen et al.，2012）。此外，在朋友的社会支持下，催产素减少了应激反应，并表现出了最低的皮质醇浓度以及更冷静的情绪（Heinrichs et al.，2003）。至于对待外群体成员或陌生人，动物研究表明，催产素促进动物对陌生个体趋近的行为（Lim and Young，2006），人类研究发现，催产素提高个体对外群体成员的共情（Shamay-Tsoory et al.，2013）。也有其他动物研究（Mustoe et al.，2015）和人类研究（De Dreu et al.，2011；Declerck et al.，2010）得到不同的结果。

催产素的另一个重要的调节因素是性别。越来越多的证据表明，鼻喷催产素对男性和女性的大脑调节作用是不同的。尽管还是有一些研究没有发现催产素的性别差异，但最近的研究发现，催产素主要提高男性在和自身利益，竞争或负面信息处理任务中的表现，而提高女性在利他或亲情行为以及积极的信息处理任务中的表现（Fischer-Shofty et al.，2013；Gao et al.，2016；Hoge et al.，2014；Scheele et al.，2014）。与男性相比，催产素阻碍女性社会性行为主要涉及的是负性面孔加工（Domes et al.，2010；Frijling et al.，2016a），威胁场景加工（Lischke et al.，2012），社会经济或竞争性游戏（Chen et al.，2016；Feng et al.，2015）。然而，一项关于对配偶关系的研究发现，催产素与大脑奖赏系统相互作用加强双方的伴侣价值表征，这种作用没有性别差异，但是这种效应在服用避孕药的女性身上不存在（Scheele et al.，2016）。这说明受生理周期的影响，催产素在女性被试身上的作用可能更加复杂。

除了上述这些因素外，依恋类型也被认为是调控催产素和社会行为的一个重要因素（Bartz et al.，2011；Macdonald，2012）。许多研究表明，依恋类型会影响脑脊液、外周、唾液中的催产素浓度（Marazziti et al.，2006；Pierrehumbert et al.，2012；Strathearn et al.，2009；Tops et al.，2007）。也有直接证据表明，鼻喷催产素可以显著提高男性不安全型依恋个体的主观依恋安全感（Buchheim et al.，2009）。并且依恋类型调节个体在社会行为中对鼻喷催产素的反应。例如，不安全个体或者焦虑依恋类型个体使用催产素后更可能产生更加负性的共情想象体验（Rockliff et al.，2011），以及对于边缘型人格障碍患者降低信任和合作水平（Bartz et al.，2011）。但是其他研究表明，催产素提高回避型依恋男性而非焦虑型依恋男性的信任度和合作（De Dreu，2012b）。而其他也有研究发现，不安全型依恋个体在情绪、行为和神经层面表现出对负面刺激过度反应，反而从催产素中获益最大（Mitchell et al.，2016；Riem, Bakermans-Kranenburg, and van，2016；Simeon et al.，2011）。例如，不安全型依恋个体使用鼻喷催产素后倾向于更积极地解释与依恋相关的情境（例如，孤独或分离）（Bartz et al.，2010）。总之，依恋类型对催产素效应的影响是不确定的。我们认为，如果催产素和社会关系（朋友或陌生人）作用于奖赏信息，那么催产素的影响可能依赖于人们所拥有的依恋类型。

对催产素作用的神经机制的研究发现，催产素在奖赏、焦虑方面具有调节作用（Bethlehem et al.，2013；Kanat et al.，2014；Ma et al.，2016）。在情感判断、情绪刺激评价以及奖赏加工中，杏仁核是一种重要的神经基质（Davis and Whalen，2001；Phan et al.，2004；Stevens and Hamann，

2012）。最近的研究表明，杏仁核对正性情感刺激与负性情感刺激都有反应（Hamann and Mao，2002；Phan et al.，2004；Yang et al.，2002）。目前已经确定，鼻喷催产素降低男性杏仁核对社会情绪刺激的激活（Domes et al.，2007；Kirsch et al.，2005；Labuschagne et al.，2010）。杏仁核激活减弱的现象似乎表明催产素可以通过减少焦虑来促进人类的亲社会行为。但是催产素对女性的杏仁核激活的作用是完全不同的（Domes et al.，2010；Lischke et al.，2012），虽然有些结果不同（Riem et al.，2011）。在健康的女性中，催产素增强了杏仁核对威胁、恐惧或负面刺激的激活（Domes et al.，2010；Frijling et al.，2016a；Lischke et al.，2012）。然而，在对婴儿的痛苦和笑声（Riem et al.，2011；Riem et al.，2016；Riem et al.，2012）、负性图片（Kirsch et al.，2005）、社会经济游戏的研究中（Rilling et al.，2014），催产素降低了女性的杏仁核激活。这或许可以用一种进化的观点来解释对威胁信号的警觉，或者可能是由于性腺激素的调节。而根据一些研究，催产素对杏仁核的激活根据刺激类型有所不同（Gamer et al.，2010；Gao et al.，2016）。

综上所述，催产素对社会情绪加工的作用可以通过增强纹状体奖赏加工和改变杏仁核威胁反应来调节，并且与互动伙伴的亲密关系、性别和依恋类型的复杂相互作用。为了解开这些因素的贡献，目前的研究采用了一种随机的安慰剂对照实验，使用单剂量的鼻喷催产素和安慰剂，并对先前验证过的社会共享范式进行了修改，在新的任务中，在此期间，男性和女性被试与亲密的朋友或陌生人分享了他们的情绪体验。本实验运用不同分享情境下情感加工任务探查了鼻喷催产素的效果，探究催产素如何调节神经活动和个体对情绪图片的主观评价，以及可能存在的性别差异。

结合前人研究，根据我们第一项实验的发现，在群体层面催产素可能更多的是促进对内群体及内群体个体的偏爱，而对于个体层面的亲密关系，催产素可能只作用于现有的亲密关系，而不是其他不熟悉的人。因此，我们提出了如下假设：催产素会增加与朋友分享而不是陌生人分享的情绪体验。进一步猜想，在与朋友一起观看情感图片时，催产素会促进对图片效价的积极转变，而不是与陌生人（相对于单独观看）。然而，考虑到本实验设计任务既没有利益冲突也没有竞争，所以这种效应可能也存于陌生人情境中（Huang et al., 2015）。根据之前的研究，我们认为在朋友分享情境下这样一种增强的积极体验，相应神经活动可能与增加的奖赏加工有关，也可能与降低的焦虑等情绪相关。鉴于之前的研究表明，催产素对焦虑的影响有性别差异，而对奖赏加工的影响则没有，我们还预测，只有当催产素影响焦虑相关回路时，其作用是与性别有关的。最后，考虑到焦虑依恋对亲密关系中的行为和催产素的作用的重要性，我们还探讨了焦虑依恋的调节作用。

4.3 亲密关系对催产素作用调节的实验设计

本部分介绍了该实验的实验被试，实验任务的范式、刺激和流程，以及行为和磁共振数据的采集和分析方法。

4.3.1 被 试

该实验被试均为在校大学学生，128 对好朋友（相同性别，已经建立友谊关系至少 4 个月，共计 256 人）参加了当前的实验，被试年龄均在 17 ~ 28 岁之间。该实验采用随机化双盲设计，安慰剂对照，被试间设计。所有的被试均为右利手，视力或矫正视力正常。所有被试性取向报告为异性恋。排除标准包括当前或定期服用任何药物，当前或过去患有医学或精神疾病，内分泌系统疾病以及磁共振检查禁忌证。女性被试在实验前 3 个月内没有服用任何口服避孕药，同时也没有接受激素替代治疗。所有的被试均签署了实验知情同意书。此外，本研究的所有程序通过了电子科技大学伦理委员会审批，实验符合赫尔辛基宣言，并且已按照要求注册了临床试验（https://clinicaltrials.gov/ct2/show/NCT03085628，Trial ID: NCT03085628）。

　　参与实验的被试和一名同性别的好朋友同时报名，符合条件的被试被招募。实验过程中所有任务由两人同时完成。在正式任务中，其中一人在磁共振扫描间完成该任务，同时采集行为数据和进行磁共振扫描采集脑部活动数据（磁共振组），另一人在相邻的行为实验室完成该任务，只采集行为数据（行为组）。除此之外的其他实验部分（包括问卷填写、练习、喷药及休息以及后测任务）两名被试均在此行为实验室完成。实验过程中，被试被告知还有另外一组好朋友在其他实验室同时完成该实验，但实际上只有被试这一组在完成实验。实验的主要任务是完成一个图片共享任务。被试被告知当前任务是两对朋友同步完成，该任务将给每一名被试呈现一系列图片，并设置了三种不同的情境：当前图片是自己独自观看、和朋友一起观看或者和一个陌生同学一起观看。正式任务开始之前指导被试进行练习，此时告诉被试和他们匹配的陌生同学的姓名。实验结束后被试报告之前不认识任何和陌生同学名字相同的人，并且均报告他们相信该任务情境，实验人员告知被试实际上并没有另外两名好朋友（陌生人）同时完成该任务。

　　根据鼻喷催产素之前的推荐计量和药理学资料，每名被试在正式任务前 45 min 在实验者的指导下鼻喷了单剂量的催产素（10 次，共计 40 IU，GMP 编号 SC20140046）或安慰剂（10 次，共计 40 IU，含有除神经肽以外的其他成分）。我们选择 40 IU 的鼻喷剂是根据我们之前的研究发现，40 IU 的催产素鼻喷剂对社会排斥（Xu et al.，2017）、社会刺激加工（Yao et al.，

2018）有作用。尽管有一定数量的研究采用了 24 IU 的催产素（Guastella et al.，2013）或者报告了催产素的作用和剂量有关（Cardoso et al.，2013；Quintana et al.，2015；Quintana et al.，2016；Spengler et al.，2017），也有一些行为实验或磁共振研究使用了 40 IU 的剂量（Frijling et al.，2016b；Koch et al.，2016；Zhao et al.，2017），还有一篇研究没有发现 24 IU 和 40 IU 的效应差异（Zhao et al.，2017）。为了避免可能的互相干扰和交互作用，同时参加实验的一对好朋友使用相同的鼻喷。所有任务完成后，被试报告了对自己所使用试剂的猜测，结果显示被试的判断和随机猜测没有显著差异（χ^2=2.176，P = 0.171），说明实验过程符合双盲设计。

为了控制被试个体差异，所有被试在鼻喷之前完成了一系列量表和问卷，包括积极 – 消极情绪量表（positive and negative affect schedule，PANAS）（Watson et al.，1988），状态 – 特质焦虑量表（state–trait anxiety inventory，STAI）（Spielberger，1983），大五人格量表（NEO five factor inventory，NEO–FFI）（Costa and McCrae，1989），自尊量表（self-esteem scale，SES）（Rosenberg，1989），共情量表（empathy quotient，EQ）（Baron–Cohen and Wheelwright，2004），自闭倾向指数（autism spectrum quotient，AQ）（Baron–Cohen et al.，2001），贝克抑郁量表（Beck depression inventory，BDI–II）（Beck et al.，1996），加利福尼亚大学洛杉矶分校孤独量表（university of california at los angeles loneliness scale，UCLA loneliness scale）（Russell，Peplau，and Ferguson，1978），亲密关系经历量表（experiences in close relationships inventory，ECR）（Brennan，Clark，and Shaver，1998）。麦克吉尔友谊质量问卷（mcgill friendship questionnaire，MFQ）被用来保证被试之间的高质量的友谊关系以及确保两组被试之间无显著差异（Mendelson and Aboud，1999）。考虑到之前有研究发现成人依恋类型对情绪加工的影响，以及对催产素作用的调节作用，

我们采用成人依恋量表（adult attachment scale，AAS）测量了被试的成人依恋类型（Collins，1996；Collins and Read，1990）。

为了控制月经周期的潜在影响以及月经周期和药物的相互作用，所有女性参与者都报告了自己的月经周期、持续天数等数据。然后根据计算程序推算了每名女性被试所处生理期（Garver-Apgar，Gangestad，and Thornhill，2008）。

4.3.2 刺激和流程

4.3.2.1 刺激材料准备

在正式实验之前，我们选取了 620 张图片，其中大部分来自国际情绪图片库（international affective picture system，IAPS）（Lang，2005）。由于该图片库缺乏一些素材，我们从网络上搜集了一些其他图片，比如亚洲人、动物、人物图片等。首先招募独立的 34 名被试（其中包含 18 名男性）评价了所有图片的效价和唤醒度（李克特 9 点评分）。我们最终选择了积极、中性、消极的图片各 72 张，共计 216 张。其中包括人物（IAPS：$n=60$，网络：$n=12$）、动物（IAPS：$n=37$，网络：$n=35$）和风景（IAPS：$n=65$，网络：$n=7$）。我们匹配了积极图片和消极图片的唤醒度（积极图片：$M \pm SD = 6.5 \pm 0.31$；消极图片：$M \pm SD = 6.58 \pm 0.32$；$t_{(33)} = 0.734$，$p = 0.468$）以及效价（减去中间值，积极图片：$M \pm SD=2.16 \pm 0.25$；消极图片：$M \pm SD = -2.17 \pm 0.27$；$t_{(33)} = 0.046$，$p=0.964$）。中性图片效价为中间值，唤醒度为中等程度（减去中间值，$M \pm SD = 0 \pm 0.2$；唤醒度：$M \pm SD =4.72 \pm 0.32$）。每个共享条件的刺激图片的效价和唤醒度均匹配（见表 4-1）。

表 4-1　刺激图片的效价和唤醒度

	效　　价		唤醒度
	均值（标准误）	去除中间值后均值（标准误）	均值（标准误）
消极总计	2.83（0.27）	-2.17（0.27）	6.58（0.32）
动　物	2.69（0.28）	-2.31（0.28）	7.17（0.30）
景　物	3.29（0.28）	-1.71（0.28）	5.9（0.35）
人　物	2.51（0.21）	-2.49（0.21）	6.66（0.28）
中性总计	5（0.20）	0（0.20）	4.72（0.32）
动　物	4.95（0.26）	-0.05（0.26）	5.43（0.31）
景　物	5.04（0.16）	0.04（0.16）	3.99（0.33）
人　物	5（0.18）	0（0.18）	4.71（0.28）
积极总计	7.16（0.25）	2.16（0.25）	6.5（0.31）
动　物	7.32（0.25）	2.32（0.25）	6.82（0.29）
景　物	6.72（0.26）	1.72（0.26）	6.31（0.32）
人　物	7.44（0.22）	2.44（0.22）	6.37（0.30）
总　　计	5（0.39）	0（0.39）	5.94（0.35）

4.3.2.2　正式实验

在正式实验中，所有刺激采用伪随机的方式进行呈现，我们平衡了三种情境下刺激的效价和唤醒度。在每个试次中，首先呈现 2 500 ms 的提示，告知被试接下来呈现的这张图片是独自一人观看，还是和陌生同学一起观看，还是和朋友一起观看。提示包括文字提示（三种条件："独自一人"，和"朋友的姓名"一起，以及和"陌生人的姓名"一起）和标志。文字呈现在屏幕中央，并且相应的标志置于屏幕右上角。之后图片刺激呈现 6 000 ms。要求被试认真观看该图片。图片的右上角显示相应的标志，持续提醒被试当前的分享状态。随后被试需要通过按键来移动 1 ~ 9 刻度上的滑块来评价图片的效价（1 代表非常负性，5 代表中性，9 代表非常正性）和唤醒度（1 代表非常低，5 代表中等程度，9 代表非常高），每个问题呈现和作答时间均为 3 000 ms，两个问题依次呈现。最后屏幕上会呈现一个注视点（2 500 ms 到 5 500 ms 变动，均值为 4 000 ms）。之后进行下一个试次（见图 4-1）。磁共振扫描间的被试通过镜面反射观看刺激，使用按键手柄作答，而行为实验室的被试直接通过电脑屏幕呈现，键盘作答。所有任务都使用了 E-Prime 程序（v2.0，Psychology Software Tools，Inc）呈现刺激和记录反应结果。为了控制可能的影响，陌生人的姓名的长度和被试的朋友的名字长度相同（2 个汉字或 3 个汉字）。在随机事件相关设计中，216 个不同的刺激分为 6 个部分呈现，每个刺激图片被分配到三个"共享"条件中的一个（即 6 个部分，每个部分有 36 张图片，并且每个部分都平衡了刺激效价）。

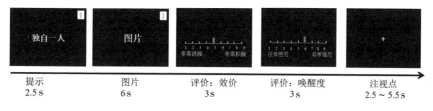

图 4-1　实验流程图

注：首先提示该试次的情境（独自一人，和朋友一起，和陌生人一起；2 500 ms），之后图片刺激呈现 6 000 ms。被试需要通过按键来移动 1 ～ 9 刻度上的滑块来评价图片的效价和唤醒度（分别为 3 000 ms）。最后屏幕上会呈现一个注视点（2 500 ～ 5 500 ms）。

该任务结束之后，为了检查催产素对社会行为倾向性的直接作用，我们要求被试完成一个包含若干问题的问卷（Jakobs，Manstead，and Fischer，2001）。该问卷包含一些关于个体在观看图片时是否想到朋友（如"我想到了我的朋友""我好奇我的朋友会怎样看待这些图片""我好奇我的朋友会有怎样的情绪体验"），以及和朋友交流的倾向性（如"我想告诉我的朋友我的看法""我想和我的朋友讨论这张图片""我想把这张图片分享给我的朋友"）。被试需要分别对三种分享情境和图片效价进行评价（例如：当独自一人观看负性图片时，我好奇我的朋友会怎样看待这些图片），该评价为 5 点计分表示事件发生的频率，1 代表从不，5 代表经常。

4.3.3　行为数据分析

行为数据和脑成像数据提取脑激活参数估计值（β 值）均采用 SPSS 23.0 分析。行为上，我们感兴趣的是对刺激图片效价的分享效应，即和朋友或者陌生人一同观看的图片与独自一人观看的图片的差值（正值表示比起独自一人观看，分享情境中被试的评价更为积极）。之后的分析中，分组（行为组、磁共振组）作为一个被试间变量纳入分析。

效价和唤醒度分别使用混合因素方差分析，分组（行为组、磁共振组）、性别（男性、女性）以及药物处理（催产素、安慰剂）为被试间变量，分享情境（陌生人＞独自一人、朋友＞独自一人）和效价（积极、中性、消极）为被试内变量。因为独自一人情境下，催产素组被试和安慰剂组的被试在唤醒度评分上有显著差异，因此，对于唤醒度的分析把陌生人、朋友、独自一人作为情境的三个水平进行分析。

此外，可能的混淆因素即各量表得分用独立样本 t 检验，比较了催产素和安慰剂组之间的差异以及男性和女性之间的差异。在正式任务结束之后完成的社会倾向性评估（包含意识和行为倾向）使用混合方差分析，其中，分组、药物处理和性别作为被试间因素，分享情境（陌生人＞独自一人、朋友＞独自一人）和分量表（意识、行为倾向）作为被试内因素。

行为结果和脑部活动以及成人依恋类型的相关关系使用双变量相关分析（正态数据使用皮尔逊相关分析，非正态数据使用斯皮尔曼相关分析）。方差齐性检验使用 Mauchly 检验，对非正态数据使用 Greenhouse-Geisser 矫正，事后比较使用了 Bonferroni 检验。对显著的结果计算了效应量：偏 eta-squared（对 F 检验），Cohen's d（对 t 检验）。0.01，0.06 和 0.14 分别代表 η_p^2 的较小、中等、较大的效应量；0.20，0.50 和 0.80，分别代表 Cohen's d 的较小、中等、较大的效应量。所用的 P 值为双侧检验，$p < 0.05$ 作为显著水平。

4.3.4　磁共振数据采集和分析

脑图像采集使用电子科技大学磁共振成像研究中心的 3T 磁共振系统（GE Discovery MRI 750 scanner，General Electric Medical System，Milwaukee，WI，USA）。功能像采用 T_2* 加权 EPI 序列（重复时间：2 000 ms；回波时间：30 ms；翻转角：90°；层厚：3.4 mm；间隔：0.6 mm；视野：240 mm×240 mm；分辨率：64×64；层数：39）。结构像采用 T_1 加权图像（重复时间：6 ms；回波时间：2 ms；翻转角：9°；层厚：1 mm；视野：256 mm×256 mm；采集矩阵：256×256；层数：156）。

脑图像采用 DPARSF（Data Processing Assistant for Resting-State fMRI software；www.restfmri.net/forum/DPARSF）软件进行预处理，并用 SPM12 软件（Statistical Parametric Mapping；Wellcome Trust Centre for Neuroimaging；http://www.fil.ion.ucl.ac.uk/spm）在 MATLAB 2014a（MathWorks）环境下进行后续分析。为保证采集信号均衡，前六个卷积被去除。预处理包含时间分割、头动矫正（六参数刚体算法）、空间标准化（3 mm×3 mm×3 mm 重采样）至蒙特利尔神经科学研究所制作的标准化模板（Montreal Neurological Institute，MNI）、空间平滑（8 mm 高斯核）。头动平移超过 3 mm 或转动超过 3°的被试数据被去除。

之后在 MATLAB 2014a（MathWorks，Inc.，USA）使用 SPM12（Statistical Parametric Mapping；http://www.fil.ion.ucl.ac.uk/spm）（Friston et al.，1994）中的二阶段混合效应一般线性模型（general linear model，GLM）进行分析。第一层次矩阵包括特定条件的起始时间（独自一人 / 和陌生人一起 / 和朋友一起 × 积极 / 中性 / 消极）以及和条件无关的解释变量，包括情境提示和主观评定以及其他头动参数。和我们的研究目的以及行为数据对效价的分析一致，第二层次的分析集中于不同共享情境下药物处理的主效应以及药物处理和性别的交互作用。我们首先分析了共享情境的主效应（对全部被试采用单样本 t 检验），之后使用全析因方差分析模型，将药物处理和性别作为被试间因素，分别分析了催产素在不同共享情境下（朋友>独自一人，陌生人>独自一人）的主效应及催产素与性别的交互效应。为了进一步研究催产素与性别之间的交互作用对大脑区域间功能连接的影响，我们进行了一种情境相关的心理生理交互分析（generalized psycho-physiological interaction，gPPI）（McLaren et al.，2012）。之前催产素研究证明其对杏仁核和脑岛之间的功能连接起作用（Striepens et al.，2011），并且催产素与性别有交互作用（Gao et al.，2016），因此，我们的功能连接分析主要关注这些区域。我们使用 MarsBar（http://marsbar.sourceforge.net）以最大 t 值坐标为中心提取了半径 8 mm 的球体的个体相应神经活动的参数估计值（β 值）（Brett et al.，2002）。为了进一步探究交互作用，同时，我们还考察了特定脑区的神经活动是否和相应的行为结果以及被试的成人依恋类型得分有显著相关。

所有分析首先采用全脑分析（whole-brain analysis），初始集群定义阈限为 $p < 0.001$，通过家族模样差别（family-wise error，FWE）多重比较矫正后，在集群水平（cluster level）显著性满足 $p < 0.05$。根据我们的假设以及之前的有关研究，杏仁核采用结构定义模板（Anatomy toolbox 概率图）（Amunts et al.，2005；Eickhoff et al.，2007；Eickhoff et al.，2005），纹状体–腹侧被盖区奖赏系统（striatal-VTA reward system）以及脑岛等关键脑区采用了 AAL 模板（automated anatomical labeling）（Tzourio-Mazoyer et al.，2002）。这些分析中使用了 SVC 矫正方法（small-volume correction），并进行了 FWE 矫正（峰值，$p < 0.05$）。功能连接结果使用 Brain Net Viewer（Brain Net Viewer: A Network Visualization Tool for Human Brain Connectomics；http://www.nitrc.org/projects/bnv/）实现可视化（Xia，Wang，and He，2013）。

4.4 亲密关系对催产素作用调节的实验结果

4.4.1 数据质量评价

由于数据质量问题，在之后的分析中，11 名被试数据被去除，其中，4 人按键反应缺失严重，5 人数据有部分缺失，2 人对指导语理解有误。另外，考虑到研究的一个关键问题是来参加实验的每对被试应该有较高的友谊质量，我们删掉了 6 对被试（共计 12 人），他们在友谊质量评分上均值较低（均值低于 120，其他所有被试均值为 200），最后行为组有 116 人（60 名男性，年龄：$M \pm SD = 21.1 \pm 0.2$ 岁），磁共振组 117 人（61 名男性，年龄：$M \pm SD = 21.05 \pm 0.2$ 岁）。由于一些被试磁共振扫描时头动过大，在磁共振脑成像数据分析时磁共振组还删去了 13 人的数据，仅对剩余 104 人的磁共振数据（53 名男性，年龄：$M \pm SD = 21.0 \pm 0.22$ 岁）进行了分析（见图 4-2）。同时，经过验证，我们发现对行为数据分析时删掉这些被试结果基本一致。

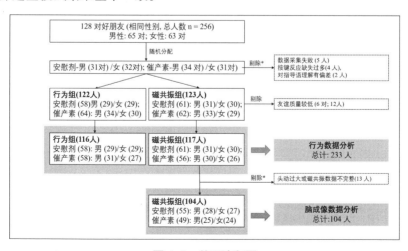

图 4-2 处理流程图

注：描述了实验被试随机分配及药物处理流程、每种实验条件下的有效被试数、排除标准和最终样本大小及性别情况。

4.4.2 对范式潜在的干扰因子和效度的分析

催产素组（实验组）和安慰剂组（对照组）在年龄、情绪、人格以及亲密关系上没有显著差异（$p > 0.078$；见表 4-2）。在行为组和磁共振组中，被试对自己和朋友的友谊质量评分较高且两组间没有显著差异（行为组 MFQ 得分：安慰剂组 $M \pm SD = 189.36 \pm 6.45$，催产素组 $M \pm SD = 203.34 \pm 7.13$，$t_{(114)} = -1.455$，$p = 0.148$；磁共振组 MFQ 得分：安慰剂组 $M \pm SD = 200.26 \pm 6.70$，催产素组 $M \pm SD = 202.07 \pm 7.07$，$t_{(115)} = 0.186$，$p = 0.853$）。

然而，我们发现在磁共振组被试中男性被试和女性被试的友谊质量水平有差异（女性：$M \pm SD = 208.51 \pm 4.884$，男性：$M \pm SD = 189.73 \pm 4.693$）。因此，我们在后续的行为结果和脑成像结果分析中把友谊质量水平作为协变量纳入分析，对比发现催产素效应稳定。

对其他问卷的性别差异分析显示在行为组中，女性表现出较高的共情商数（$t_{(114)} = -2.081$，$p = 0.040$，Cohen's $d = 0.39$）和较低的回避型亲密关系经历（$t_{(114)} = 2.789$，$p = 0.006$，Cohen's $d = 0.52$）。

表 4-2 被试特质（$M \pm SD$）

组 / 量表	行为组 安慰剂（$n=58$）	行为组 催产素（$n=58$）	t	p	磁共振组 安慰剂（$n=61$）	磁共振组 催产素（$n=56$）	t	p
年龄(岁)	21.16±0.31	21.05±0.26	0.257	0.789	21.02±0.30	21.09±0.28	-0.179	0.853
积极和消极情绪量表（PANAS）——消极	18.19±0.82	17.66±0.76	0.474	0.636	18.31±0.77	17.11±0.77	1.105	0.271
积极和消极情绪量表（PANAS）——积极	27.34±0.70	27.84±0.69	-0.509	0.612	28.38±0.79	27.59±0.68	0.751	0.454
状态-特质焦虑问卷（STAI）状态	37.88±1.01	36.55±1.03	0.923	0.358	37.72±0.94	38.59±1.04	-0.622	0.535
状态-特质焦虑问卷（STAI）特质	42.45±1.07	42.47±1.13	-0.011	0.991	41.79±0.92	41.63±1.02	0.118	0.906
大五人格问卷（NEO-FFI）宜人性	42.33±0.53	42.90±0.53	-0.761	0.448	41.08±0.52	41.39±0.54	-0.412	0.681
大五人格问卷（NEO-FFI）尽责性	41.59±0.6	40.79±0.68	0.872	0.385	41.44±0.57	42.27±0.59	-1.006	0.317
大五人格问卷（NEO-FFI）外向性	40.47±0.86	40.41±0.80	0.044	0.965	41.21±0.89	40.88±0.79	0.283	0.778
大五人格问卷（NEO-FFI）神经质	32.79±1.09	33.47±1.13	-0.428	0.670	34.54±0.87	33.98±0.93	0.440	0.66.
大五人格问卷（NEO-FFI）开放性	39.28±0.62	39.53±0.70	-0.278	0782	40.39±0.68	40.05±0.72	0.344	0.732
自尊量表（SES）	30.76±0.61	30.19±0.57	0.680	0.498	31.03±0.57	31.04±0.60	-0.004	0.997
共情商数（EQ）	39.78±1.28	38.81±1.31	0.527	0.599	38.79±1.35	39.45±1.46	-0.333	074C
孤独谱系商数（AQ）	19.66±0.76	20.29±0.76	-0.594	0.554	20.39±0.64	19.52±0.70	0.924	0.358
贝克抑郁量表（BDI-II）	7.55±0.93	8.45±0.90	-0.691	0.491	7.33±0.70	7.32±0.94	0.006	0.996
成人依恋量表（AAS）焦虑	2.85±0.10	2.92±0.11	-0.422	0.674	3.08±0.10	2.98±0.11	0.670	0.50.
成人依恋量表（AAS）依恋与亲密	3.41±0.07	3.32±0.08	0.810	0.420	3.35±0.07	3.19±0.08	1.458	0.148
亲密关系经历量表（ECR）焦虑	3.32±0.12	3.23±0.12	0.529	0.598	3.34±0.11	3.31±0.14	0.135	0.89?
亲密关系经历量表（ECR）回避	3.33±0.11	3.05±0.11	1.780	0.078	3.20±0.09	3.37±0.11	-1.185	0.238
麦克吉尔友谊质量问卷（MFQ）	189.36±6.45	203.34±7.13	-1.455	0.148	200.26±6.70	202.07±7.07	0.186	0.853
UCLA 孤独问卷	41.79±1.24	42.79±1.16	-0.589	0.557	41.66±1.04	41.95±2.00	-0.184	0.854

4.4.3 行为结果

4.4.3.1 探索性分析

对于磁共振组和行为组两组的行为数据，我们首先进行了初步的分析来确认接下来分析的策略。

首先我们发现，在效价评定上，相对于安慰剂，催产素对"独自一人"情境下的效价评价没有显著的改变（$t_{(231)} = 0.732$，$p = 0.465$），因此，我们将"独自一人"作为基线，在后续分析中采用"朋友 > 独自一人""陌生人 > 独自一人"的对比作为共享情境的两个水平。对于唤醒度的评价我们发现，催产素显著降低了被试"独自一人"观看刺激图片时的唤醒度评定（$t = 2.183$，$p = 0.03$，Cohen's $d = 0.29$），因此，方差分析中把独立的三种情境（独自一人、陌生人、朋友）作为被试内变量纳入唤醒度方差分析。

其次，为了解释潜在的实验环境的差异（相对于行为实验室，磁共振扫描环境有大量噪声，空间狭小）以及其和催产素的相互作用，我们探究了两种实验条件下被试效价评价的差异。结果发现，安慰剂组被试在两种实验条件下有显著的分组 × 性别的交互作用（$F_{(1, 115)} = 5.594$，$p = 0.020$，$\eta^2 = 0.046$）。事后分析显示，磁共振组的男性被试效价评分共享效应显著高于行为组男性被试（$F_{(1, 115)} = 8.875$，$p = 0.004$，Cohen's $d = 0.75$），但在女性被试中没有发现差异（$F_{(1, 115)} = 0.142$，$p = 0.707$）。因此，我们将分组作为一个因素纳入后续的行为数据分析中。

因此，我们对效价评价的混合方差分析以分组（行为组、磁共振组）、药物处理（催产素、安慰剂）、被试性别作为被试内因素，以图片效价（积极、中性、消极）和共享情境（"朋友 > 独自一人""陌生人 > 独自一人"）作为被试内因素。对唤醒度的混合方差分析以情境（"独自一人""和

陌生人一起""和朋友一起")、效价（积极、中性、消极）作为被试内
因素，以分组、性别和药物处理作为被试间因素。

4.4.3.2　效价评价结果

接下来对效价评价的重复测量方差分析以分组（行为组、磁共振组）、
药物处理（催产素、安慰剂）、被试性别为被试内因素，以图片效价（积
极、中性、消极）和共享情境（"朋友＞独自一人""陌生人＞独自一人"）
为被试内因素。我们发现了共享情境的主效应（$F_{(1, 225)} = 57.811$，$p < 0.001$，
$\eta^2 = 0.204$），事后分析发现，和朋友一起观看时效价评定显著高于和陌生
人一起观看（独自一人观看作为基线），这证明了共享效应在朋友上表现
更强，即相对于和陌生人一起，被试对图片效价的评定因为和朋友共享更
加积极。我们没有发现性别的主效应或者性别和药物处理的交互作用
（$p > 0.124$）。但是我们发现了分组（$F_{(1, 225)} = 6.437$，$p = 0.012$，$\eta^2 = 0.028$）
的主效应，表明在磁共振环境下的被试分享效应更显著。此外，我们发现
效价的主效应（$F_{(2, 450)} = 8.161$，$p < 0.001$，$\eta^2 = 0.035$），事后分析显示
共享效应的强度在积极刺激下显著低于中性（$p < 0.001$）及负性刺激
（$p = 0.013$）。此外，我们还发现的交互效应有共享情境 × 性别（$F_{(1, 225)} =$
7.540，$p = 0.007$，$\eta^2 = 0.032$），效价 × 分组（$F_{(2, 450)} = 4.827$，$p = 0.008$，
$\eta^2 = 0.021$），共享情境 × 效价（$F_{(2, 450)} = 8.221$，$p < 0.001$，$\eta^2 = 0.035$）
和共享情境 × 效价 × 性别（$F_{(2, 450)} = 8.933$，$p < 0.001$，$\eta^2 = 0.038$）的
交互作用。此外，如果仅比较安慰剂组的被试，我们发现了分组 ×
性别的交互作用（$F_{(1, 115)} = 5.594$，$p = 0.020$，$\eta^2 = 0.046$），即不考虑
催产素组的数据，磁共振组的男性被试的共享效应高于行为组男性被试（$p =$
0.004），但女生之间没有显著差异（$p = 0.707$）。

关于和药物处理相关的效应，我们没有发现药物处理催产素的主效应，

但是我们发现了分组 × 性别 × 药物处理（$F_{(2, 251)} = 12.709$，$p < 0.001$，$\eta^2 = 0.053$）的交互作用，显示催产素显著提高了磁共振组女性被试（$F_{(1, 225)} = 9.965$，$p = 0.002$，Cohen's $d = 0.60$）的共享效应，以及行为组男性被试的共享效应（$F_{(1, 225)} = 3.977$，$p = 0.056$，Cohen's $d = 0.68$），但是对行为组女性被试（$F_{(1, 225)} = 0.466$，$p = 0.496$）和磁共振组男性被试（$F_{(1, 225)} = 1.847$，$p = 0.176$）没有显著作用。此外，还有分享情境 × 药物处理 × 性别（$F_{(1, 225)} = 4.649$，$p = 0.032$，$\eta^2 = 0.020$）的交互作用显示催产素主要提高女性和朋友一起欣赏图片时的共享效应（$F_{(1, 225)} = 3.880$，$p = 0.050$，Cohen's $d = 0.29$），而非和陌生人一起（$F_{(1, 225)} = 0.478$，$p = 0.490$），同时对于男性被试来说也不显著（"和陌生人一起"：$F_{(1, 225)} = 2.335$，$p = 0.128$；"和朋友一起"：$F_{(1, 225)} = 0.155$，$p = 0.6950$）。最重要的是，我们发现分组 × 性别 × 药物处理 × 分享情境 × 效价（$F_{(2, 450)} = 3.024$，$p = 0.050$，$\eta^2 = 0.013$）的交互作用。事后分析发现，对于女性被试来说，催产素仅提高了朋友分享情境下对积极和中性刺激的效价评定（行为组：积极，$F_{(1, 225)} = 4.106$，$p = 0.044$，Cohen's $d = 0.82$；磁共振组：积极，$F_{(1, 225)} = 9.422$，$p = 0.002$，Cohen's $d = 0.65$；中性，$F_{(1, 225)} = 5.627$，$p = 0.031$，Cohen's $d = 0.42$）以及陌生人分享情境中的评定（磁共振组：积极，$F_{(1, 225)} = 4.748$，$p = 0.030$，Cohen's $d = 0.54$）。对于男性被试来说，相比安慰剂，催产素提高行为组被试和陌生人同时观看积极刺激的共享效应（$F_{(1, 225)} = 8.323$，$p = 0.004$，Cohen's $d = 0.68$）。此外，没有发现催产素的主效应或其他交互效应（见图4-3）。

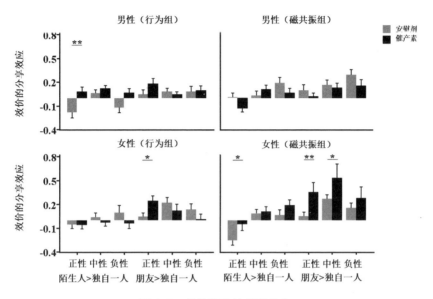

图 4-3　效价评定的共享效应

注：使用催产素或安慰剂的行为组或磁共振组的男性以及女性被试以独自一人情境为基线在不同的分享情境中对积极、中性、消极图片的效价评定。*$p < 0.05$，PLC= 安慰剂；OXT = 催产素；双侧检验；柱状图表示 $M \pm SD$。

　　我们进一步确认如果去除了磁共振组的 13 名被试（他们磁共振脑成像数据已去除），行为结果的效应依然保持稳定。重复测量方差分析发现分组 × 性别 × 药物处理（$F_{(1, 212)} = 11.026$，$p = 0.001$，$\eta^2 = 0.049$），共享情境 × 性别 × 药物处理（$F_{(1, 212)} = 4.051$，$p = 0.045$，$\eta^2 = 0.019$），分组 × 性别 × 药物处理 × 共享情境 × 效价（$F_{(2, 424)} = 3.410$，$p = 0.034$，$\eta^2 = 0.016$）的交互作用。此外，还有共享情境（$F_{(1, 212)} = 59.603$，$p < 0.001$，$\eta^2 = 0.219$），效价（$F_{(2, 424)} = 5.779$，$p = 0.003$，$\eta^2 = 0.027$），分组（$F_{(1, 212)} = 5.187$，$p = 0.024$，$\eta^2 = 0.024$）的主效应，以及共享情境 × 性别（$F_{(1, 212)} = 7.920$，$p = 0.005$，$\eta^2 = 0.036$），共享情境 × 效价（$F_{(2, 424)} = 7.192$，$p = 0.001$，$\eta^2 = 0.033$）和共享情境 × 效价 × 性别（$F_{(2, 424)} = 9.531$，$p < 0.001$，

$\eta^2 = 0.043$）的交互作用。

4.4.3.3 唤醒度评价结果

根据我们探索性分析，对于唤醒度评分我们的重复测量方差分析以情境（"独自一人""和陌生人一起""和朋友一起"）、效价（积极、中性、消极）为被试内因素，以分组、性别和药物处理作为被试间因素。结果发现，情境的主效应显著（$F_{(2, 450)} = 5.540$，$p = 0.004$，$\eta^2 = 0.024$）。我们没有发现性别的主效应以及药物处理和性别的交互作用（$p > 0.361$）。药物处理的主效应为边缘显著（$F_{(1, 225)} = 3.421$，$p = 0.066$，$\eta^2 = 0.015$），进一步的探索性分析发现，催产素主要降低了独自一人情境中的唤醒度评定（$p = 0.03$），在和朋友一起时该效应边缘显著（$p = 0.086$），而在陌生人情境中不显著（$p = 0.164$）（见图 4-4）。也就是说催产素降低了独自一人情境中的唤醒度评定而没有影响其效价评定。没有发现其他涉及药物处理的交互效应（$p > 0.05$）。

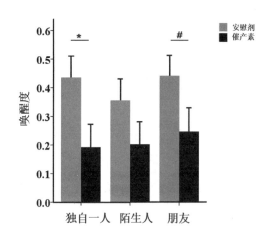

图 4-4 唤醒度评定

注：使用催产素或安慰剂在独自一人、陌生人、朋友情境下的唤醒度评定。*$p < 0.05$，#$p < 0.1$。OXT = 催产素，PLC = 安慰剂，双侧检验。柱状图表示 $M \pm$ SD。

对于唤醒度评价，我们还发现了效价（$F_{(2, 450)} = 847.971$，$p < 0.001$，$\eta^2 = 0.790$）的主效应以及情境 × 分组（$F_{(2, 450)} = 7.096$，$p = 0.001$，$\eta^2 = 0.031$），情境 × 性别（$F_{(2, 450)} = 7.127$，$p = 0.001$，$\eta^2 = 0.031$），效价 × 分组（$F_{(2, 450)} = 4.595$，$p = 0.011$，$\eta^2 = 0.020$），效价 × 性别（$F_{(2, 450)} = 3.492$，$p = 0.031$，$\eta^2 = 0.015$）效价 × 分组 × 性别（$F_{(2, 450)} = 5.811$，$p = 0.003$，$\eta^2 = 0.025$），情境 × 效价（$F_{(4, 900)} = 16.474$，$p < 0.001$，$\eta^2 = 0.068$）的交互效应。

4.4.3.4　社会倾向性评估结果

在正式任务结束之后完成的社会倾向性评估（分量表：想起朋友和陌生人或与朋友交流的愿望）发现了分享情境的主效应（$F_{(1, 210)} = 75.883$，$p < 0.001$，$\eta^2 = 0.265$），发现和朋友分享情境下显著高于和陌生人一起。此外还有分量表（$F_{(1, 210)} = 8.365$，$p < 0.001$，$\eta^2 = 0.038$）和效价（$F_{(2, 420)} = 8.365$，$p < 0.001$，$\eta^2 = 0.038$）的主效应。与药物处理有关的结果包括交互作用表现在分组 × 药物处理 × 分享情境（$F_{(1, 210)} = 3.976$，$p = 0.047$，$\eta^2 = 0.019$）。事后检验显示催产素主要提高了行为组被试和朋友分享时想到朋友的频率（$F_{(1, 210)} = 8.688$，$p = 0.004$，Cohen's $d = 0.55$），但对陌生人分享情境（$F_{(1, 210)} = 0.220$，$p = 0.639$）或者磁共振组被试（陌生人分享情境：$F_{(1, 210)} = 0.001$，$p = 0.981$；朋友分享情境：$F_{(1, 210)} = 0.170$，$p = 0.681$）没有显著改变。分组 × 药物处理 × 问题分类的交互作用（$F_{(1, 210)} = 4.924$，$p = 0.028$，$\eta^2 = 0.023$）显示催产素显著提高了行为组被试想起朋友的频率（$F_{(1, 210)} = 5.619$，$p = 0.019$，Cohen's $d = 0.48$），但没有提高交流愿望的频率。磁共振组没有发现催产素显著作用（$p > 0.08$）。没有发现催产素的主效应和其他交互作用（$p > 0.06$）。

4.4.3.5 催产素作用下依恋焦虑与评价的相关分析结果

无论男性被试还是女性被试使用催产素或者安慰剂，效价和依恋焦虑的相关均没有达到显著水平（$p > 0.09$）。使用催产素（$r = 0.269$，$p = 0.051$）和安慰剂（$r = 0.293$，$p = 0.024$）的女性被试友谊质量得分和效价相关显著，在男性被试上相关不显著（$p > 0.156$）。

4.4.3.6 控制友谊质量后的结果

为了进一步排除男女友谊质量水平之间的差异对催产素效应的潜在影响，我们将友谊质量作为协变量纳入重复测量方差分析中。对效价的分析结果没有发现性别、药物处理以及性别 × 药物处理的交互作用。我们发现了分组 × 性别 × 药物处理的交互作用（$F_{(1, 224)} = 11.194$，$p = 0.001$，$\eta^2 = 0.048$），共享情境 × 性别 × 药物处理的交互作用（$F_{(1, 224)} = 4.677$，$p = 0.032$，$\eta^2 = 0.02$）以及同样的共享情境 × 效价 × 分组 × 性别 × 药物处理的边缘显著效应（$F_{(2, 448)} = 2.980$，$p = 0.052$，$\eta^2 = 0.013$）。对唤醒度结果的分析发现了药物处理的主效应（$F_{(1, 224)} = 4.285$，$p = 0.040$，$\eta^2 = 0.019$）。对社会倾向性评估的结果显示分组 × 药物处理 × 共享情境的交互作用显著（$F_{(1, 209)} = 3.927$，$p = 0.047$，$\eta^2 = 0.018$），并且分组 × 药物处理 × 分量表的交互作用显著（$F_{(1, 210)} = 4.956$，$p = 0.027$，$\eta^2 = 0.023$）。总体来看，当把友谊质量水平作为协变量纳入方差分析时对之前的行为结果没有显著影响，结果基本一致。

4.4.4 磁共振结果

4.4.4.1 分享效应的大脑激活

我们首先探索了全部条件下分享效应的大脑激活来验证我们的假设。与之前的研究一致（Wagner et al., 2015），全脑分析显示朋友共享情境（"与朋友一起＞独自一人"）激活了双侧内侧前额叶区域，并延伸至眶额皮质〔peak voxel coordinates，（–18，57，6），$T = 4.60$，cluster FWE corrected $p = 0.024$，df = 103，$k = 197$〕。另外，左右楔前叶的活动显著增加〔peak voxel coordinates，（–6，–60，33），$T = 5.10$，cluster FWE corrected $p = 0.004$，df = 103，$k = 332$〕。陌生人共享情境（"与陌生人一起＞独自一人"）激活了双侧楔前叶〔peak voxel coordinates，（–45，–75，6），$T = 8.13$，cluster FWE corrected $p < 0.001$，df = 103，$k = 4356$〕。

4.4.4.2　催产素和性别的主效应和交互效应——全脑水平

之后我们研究了特定共享情境下催产素的作用，在全脑水平没有发现性别的主效应。在陌生人情境下没有发现催产素的主效应和与性别的交互效应，但是"与朋友一起＞独自一人"对比条件下药物处理 × 性别交互作用在多个脑区有激活，包括右侧中央后回〔postcentral gyrus，peak voxel coordinates，（54，–15，39），$T = 4.95$，cluster FWE corrected $p = 0.004$，df = 100，$k = 347$〕、右侧脑岛〔right insula，peak voxel coordinates，（39，–18，12），$T = 4.32$，cluster FWE corrected $p = 0.003$，df = 100，$k = 351$〕（见图 4-5A）。提取参数估计值进行分析，发现交互作用具体表现为催产素提高男性被试的右侧中央后回（$p = 0.001$）和右侧脑岛（$p = 0.008$）激活，降低女性相关区域的激活（右侧中央后回：$p = 0.001$，右侧脑岛激活：$p = 0.005$）（见图 4-5B，见图 4-5C）。

4.4.4.3　催产素和性别的主效应和交互效应——ROI 分析

更重要的是，以杏仁核为 ROI 分析显示"与朋友一起＞独自一人"对比条件下药物处理 × 性别交互作用激活了双侧杏仁核〔左侧杏仁核，peak voxel coordinates，（–21，–9，–12），$T = 3.61$，FWE corrected $p_{svc} = 0.036$，df = 100，$k = 2$；右侧杏仁核，peak voxel coordinates，（21，–9，–15），

$T = 3.39$，FWE corrected $p_\text{svc} = 0.036$，df $= 100$，$k = 2$〕。概率图（probabilistic mapping）表明其作用主要集中于中央杏仁核。提取参数估计值进一步分析发现催产素显著降低了女性被试和朋友共同观赏图片时杏仁核的激活（左侧杏仁核：$p = 0.023$；右侧杏仁核：$p = 0.003$），对男性杏仁核激活则有升高的趋势（左侧杏仁核：$p = 0.052$；右侧杏仁核：$p = 0.097$；见图 4-5D，见图 4-5E）。由于没有发现催产素对纹状体 – 腹侧被盖区（striatal–VTA）奖赏系统的主效应或交互作用，因此没有进一步的分析。

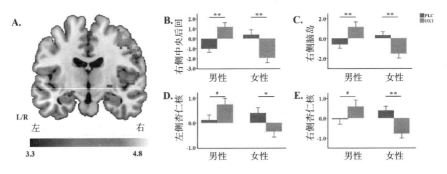

图 4-5 朋友共享情境下大脑激活药物治疗与性别的交互作用

注：（A）交互作用的 t 图（阈值：$p_\text{uncorr} < 0.001$）显示了右侧中央后回（54，–15，39）、右侧脑岛（39，–18，12）、左侧杏仁核（–21，–9，–12）和右侧杏仁核（21，–9，–15）的激活团块。参数估计值（PE）提取以峰值 MNI 坐标为中心，8 mm 为半径（B–E）参数估计提取值显示；（B）右侧中央后回；（C）右侧脑岛；（D）左侧杏仁核；（E）右侧杏仁核，表明催产素降低了女性相应脑区激活，但提高了男性相应脑区激活 *$p < 0.05$，**$p < 0.01$，#$p < 0.1$。OXT：催产素，PLC：安慰剂，双侧检验。柱状图表示 $M \pm SD$。

4.4.5　催产素对杏仁核与脑岛功能连接的效应

之前的研究报告了催产素对脑岛（insula）和杏仁核（amygdala）的功能连接的影响（Gao et al., 2016），随后分析了这些脑区功能连接的药物处理 × 性别的交互作用。对于朋友共享情境，把右侧脑岛作为种子点，没有发现药物处理或者性别的主效应，但是结果发现右侧脑岛 – 左侧杏仁核的功能连接在药物处理 × 性别上存在交互作用〔peak voxel coordinates，（−24，−9，−15），$T = 3.36$，FWE corrected $p_{svc} = 0.025$，df = 100，$k = 4$；见图 4–6A〕。对于右侧脑岛和左侧脑杏仁核之间的功能连接，我们提取的参数估计值表明催产素提高男性被试的功能连接强度（$p = 0.047$），降低了女性被试的功能连接强度（$p = 0.034$，见图 4–6B）。我们以右侧脑岛为种子点相同的分析，在陌生人共享情境没有发现类似显著的主效应或交互效应。

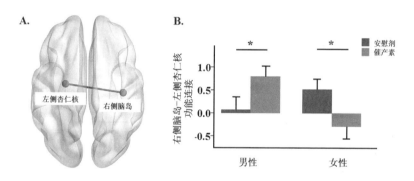

图 4–6　朋友共享情境下的脑功能连接的药物处理 × 性别的交互作用

注：（A）以右侧脑岛为种子点功能连接的药物处理 × 性别交互作用；（B）该柱状图描述了右侧脑岛 – 左侧杏仁核功能连接的参数估计。$*p < 0.05$，$**p < 0.01$，OXT：催产素，PLC：安慰剂，t 双侧检验。柱状图表示 $M \pm$ SD。

4.4.6　与成人依恋焦虑的相关分析

此外，对成人焦虑依恋和杏仁核激活的相关分析发现催产素降低了女性被试依恋焦虑水平和朋友共享情境（朋友＞独自）杏仁核激活的相关性（左侧杏仁核：催产素组，$r = -0.212$，$p = 0.319$；安慰剂组，$r = 0.442$，$p = 0.021$；Fisher's $z = 2.309$，$p = 0.021$；右侧杏仁核：催产素组，$r = -0.134$，

$p = 0.533$，安慰剂组，$r = 0.404$，$p = 0.037$；Fisher's $z = 1.885$，$p = 0.059$），
但对于男性被试来说，则没有显著改变（左侧杏仁核：催产素组：$r = 0.045$，$p = 0.832$；安慰剂组，$r = 0.257$，$p = 0.187$；右侧杏仁核：催产素组，$r = -0.092$，$p = 0.662$；安慰剂组，$r = 0.233$，$p = 0.233$，见图 4-7A，见图 4-7B）。这表明催产素主要降低高依恋焦虑女性个体在与朋友分享时的杏仁核激活。杏仁核活动与效价、唤醒度以及友谊质量在各个性别及药物处理组上都没有达到显著相关。杏仁核和脑岛功能连接与依恋类型、效价、唤醒度的行为数据结果的相关在药物组之间没有显著差异（$p > 0.86$）。

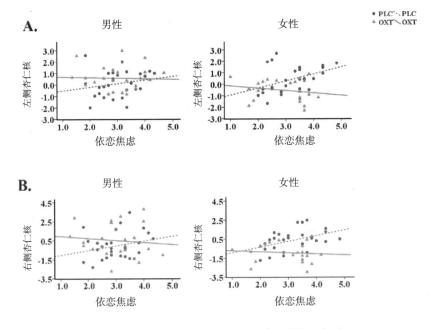

图 4-7 朋友共享情境下依恋焦虑与杏仁核激活相关图

注：朋友共享情境下，男性和女性在（A）左侧杏仁核和（B）右侧杏仁核激活强度与依恋焦虑水平之间的相关性分析的散点图。OXT：催产素，PLC：安慰剂，双侧检验。

4.4.7　控制友谊质量后的结果

我们同样将友谊质量作为协变量纳入分析，对朋友分享情境（朋友＞独自一人）和陌生人共享情境的分析都没有发现药物处理和性别的主效应，对陌生人共享效应的分析也没有发现药物处理和性别的交互作用。但是我们同样发现了朋友共享情境下药物处理和性别的交互作用，激活了右侧中央后回〔postcentral gyrus，MNI 坐标，（54，−15，39），$T = 4.94$，团簇 FWE 矫正 $p = 0.004$，df =99，$k = 347$〕、右侧脑岛〔insula，MNI 坐标，（39，−18，12），$T = 4.30$，团簇 FWE 矫正 $p = 0.004$，$k = 344$〕。随后分析以杏仁核为关键脑区，显示"朋友＞独自一人"对比条件下药物处理 × 性别交互作用激活了双侧杏仁核〔左侧杏仁核，MNI 坐标，（−21，−9，−12），$T = 3.59$，FWE 矫正 $p_{svc} = 0.0036$，df= 99，$k = 2$；右侧杏仁核，MNI 坐标，（21，−9，−15），$T = 3.38$，FWE 矫正 $p_{svc} = 0.036$，df = 99，$k = 2$〕。

对于功能连接结果将友谊质量作为协变量没有发现药物处理或者性别的主效应，但是结果发现，右侧脑岛 − 左侧杏仁核的功能连接在药物处理 × 性别上存在交互作用〔MNI 坐标，（−24，−9，−15），$T = 3.36$，FWE 矫正 $p_{svc} = 0.025$，df = 99，$k = 4$〕。

4.4.8　其他补充结果

为了进一步探索依恋类型和共享效应的行为改变及关键脑区大脑激活的关系，我们根据亲密关系经验量表将所有被试分为四类，安全型（155人，66.5%）、先占型（36人，15.5%）、恐惧型（18人，10.3%）以及忽视型（24人，10.3%）。催产素组和安慰剂组被试的分布没有显著差异（$\chi^2 = 5.128$，$p = 0.163$）。此外，几种依恋类型的被试在效价评定（"朋友＞独自一人"：$F_{(3, 232)} = 1.122$，$p = 0.341$；"陌生人＞独自一人"：

$F_{(3, 232)} = 1.151$，$p = 0.329$）及大脑关键脑区激活上没有显著差异（"朋友＞独自一人"：$p > 0.073$；"陌生人＞独自一人"：$p > 0.051$）。

根据女性被试报告的月经周期情况显示，近 3 个月没有人使用口服避孕药，为了进一步探究可能存在的月经周期对催产素作用的影响，我们计算了每名女性被试实验日期所处的月经周期（Garver-Apgar et al.，2008）。自我报告的数据显示，112 名女性有正常的月经周期（不服用口服避孕药，另外有 2 例月经来潮，4 例表现出月经或激素异常（周期小于 24 d 或大于 40 d）。我们采用与之前的研究一致的计算方法，发现催产素组有 18 人处于卵泡期，25 人处于黄体期，7 人处于排卵期，安慰剂组有 25 人处于卵泡期，23 人处于黄体期，8 人处于排卵期。重复测量方差分析以分组、药物处理、月经周期为被试间因素，共享情境为被试内变量，没有发现月经周期的主效应及月经周期和药物处理的交互作用（$p > 0.487$）。表明月经期对实验条件和催产素的作用无显著作用。

4.5　分析讨论亲密关系对催产素作用的调节

在本研究中，为了探究催产素在不同社会情境中的作用，我们让被试在朋友和陌生人两种不同的分享情境中（与独自一人对比）观看并评价正性、负性或中性的情绪图片。实验包含来自两个独立的样本的个体，行为组被试仅完成行为评定任务，磁共振组被试在完成行为评定的同时还接受磁共振扫描。研究结果包括催产素作用下个体主观评价和相应脑区激活与功能连接的改变。在行为层面上，我们发现催产素主要促进女性被试和朋友一起分享图片时积极的分享体验，并且磁共振组被试以及对于正性刺激来说该效应更强，而这种效应没有在男性被试中发现。伴随这种行为结果，我们发现了相应的磁共振结果，即催产素降低了女性被试杏仁核和脑岛的激活以及二者之间的功能连接，而对于男性被试有相反的改变。而且研究发现，在有较高的依恋焦虑感的女性被试中，催产素对杏仁核激活的调节作用也是最强的。与先前的研究（Wagner et al.，2015）相一致，与朋友分享与奖赏相关的脑区活动有关，但是催产素在奖赏回路上没有显著的调节作用。因此，在这个社会分享范式中催产素对女性与朋友分享体验的积极影响可能更多的是由于它降低了焦虑，类似于社会缓冲（social buffer），而不是增加社会分享的奖赏效应。最新研究表明，来自伴侣的支持可以有效减轻实验中电击的不愉悦感，而催产素进一步减弱了各种条件下的不愉快感。我们的研究结果同样支持了这样一种观点，即催产素调节了社会支持对亲密社会关系的有益影响（Kreuder et al.，2018）。考虑到之前的研究显示了的鼻喷催产素增强奖赏脑区对亲密他人（如伴侣或自己的孩子）的激活（Kreuder et al.，2017；Wittfoth-Schardt et al.，2012），而当前研究中没有发现奖赏脑区的催产素效应，可能表明催产素在亲密社会关系下对奖赏脑区的作用也在很大程度上依赖于具体的关系与任务情境。一项 PET 研究表明，催产素对陌生女性面孔的评价的提高独立于多巴胺系统（Striepens et al.，2014）。

更重要的是，我们发现了和行为结果相一致的脑成像结果，显示催产素使女性被试在朋友情境中杏仁核、脑岛激活以及两者之间的功能连接降低。另一方面，催产素对男性产生了相反的作用，这表明在不考虑效价的情况下，催产素在杏仁核反应上的调节作用依赖于性别差异。这与越来越多的研究表明催产素的性别依赖效应的研究是一致的（Rilling et al.，2014），也和我们之前发现催产素对社会判断任务的杏仁核激活（Gao et al.，2016）的性别差异以及阈下面孔情绪任务（Luo et al.，2017）的性别差异一致。

本研究中，行为结果和磁共振结果均证实了对于朋友的分享效应的存在，这表明了一种人类倾向于与那些与我们有依恋关系的人分享情感体验的一种心理和神经生物学机制。并且无论情绪刺激图片的效价，与朋友分享图片有更强的积极体验，这与之前一项有关女性的研究相同，被试在和朋友共同观看图片时评价更积极，而不管图片本身的效价（Wagner et al.，2015）。这反映了个体倾向于寻求来自亲密他人陪伴的心理。在实验中，尽管被试相互之间没有任何交流，除了每张图片呈现之前简单的情境提示也没有其他的指示，在朋友分享情境中个体主观体验更加积极。在分享情境中被试感到支持，降低了焦虑情绪，相比起独自一人情境，对情绪图片的评价更加积极。此外，与许多其他研究相一致的是，与陌生人情境相比，朋友情境评分更积极，表明朋友的分享效应比陌生人更强（Güroğlu et al.，2008）。此外，正式实验完成之后的分享倾向性测验结果也表明，和朋友一起观看比和陌生人一起观看有更强的感受和分享意愿，而无关药物处理与被试性别和分组。这进一步说明了一个重要的事实，那就是人类有与他人交往的基本动机以及友谊关系的作用。相应的脑成像结果显示，与朋友共享图片激活了包括眶额叶在内的前额皮质，这可能意味着更高的社会奖赏（Wagner et al.，2015；Younger et al.，2010）。另外，在与朋友一起观看时，被试与自我相关的想法和自我参照加工相关的脑区楔前叶表现出了一种特定的激活状态（Cavanna and Trimble，2006；Northoff et al.，2006）。这可能表明了，与亲密他人进行互动有更大的情感分享和自我参与的一种神经系统机制（Maresh，Beckes，and Coan，2013；Müller-Pinzler et al.，2015）。

此外，与一些研究发现不同，对于女性被试在陌生人分享情境，我们也发现了较弱的催产素效应。有研究发现，催产素仅仅促进对朋友的意见的从众行为（Stallen et al.，2012）。其他研究则强调，被试在与游戏伙伴接触后，催产素增强了合作行为（Declerck et al.，2010，2014）。在某种程度上，与独自一人相比，与陌生人同时观看图片降低了磁共振环境下女性的正性体验，而催产素可以在某种程度上缓解这种不适。有趣的是，和仅仅使用安慰剂的被试相比，使用催产素的行为组男性被试对于陌生人情境、评分也有类似的提高。似乎分享效应在一定程度上可以扩大到陌生人情境中，而催产素可能起了作用（Palgi，Klein，and Shamay-Tsoory，2014；Taylor and Master，2011）。

值得注意的是，我们在神经成像测量中发现女性在与朋友共同观看情绪图片时催产素降低了杏仁核和右侧脑岛的活动，以及杏仁核与右侧脑岛的功能连接。另一方面，催产素在男性身上产生了相反的效果，这表明催产素对杏仁核反应是存在性别差异的。这与越来越多的关于催产素的性别差异的研究以及我们之前对社会判断任务和阈下面部表情任务的研究结果都一致，这些研究都是关于杏仁核反应的性别差异（Gao et al.，2016；Luo et al.，2017；Rilling et al.，2014）。另外，使用催产素和安慰剂的女性被试中效价评定的行为结果和朋友之间的友谊质量水平有显著的正相关，但没有在神经层面发现同样的结果。在行为层面上，女性被试之间的友谊强度可能比男性更能影响与朋友分享的效果，尽管这种联系相当微弱，可能是因为几乎所有的朋友都有非常高的友谊质量分数。

与大多数研究结果一致，我们的研究结果表明，催产素对社会分享行为的影响并没有随着女性被试月经周期的变化而变化。早期对健康女性的研究也没有显示出催产素在黄体期（Domes et al.，2010）与卵泡期（Bertsch et al.，2013）对杏仁核激活的不同影响，表明在健康的女性月经周期可能不会对催产素作用产生强烈的影响。然而，在本研究中我们没有测量女性生理周期变化引起的激素水平变化，仅通过个人报告计算不能很准确地确定被试月经周期，今后需要更多的研究来解开女性月经周期、循环内源性性激素和催产素之间的关系（Hecht et al.，2017）。

成人依恋类型与杏仁核活动有关，尽管女性被试在朋友分享情境中的行为结果与成人依恋焦虑水平没有发现相关，但结果显示有较高的依恋焦虑分数的个体在安慰剂处理下杏仁核激活更强，而催产素降低了这种联系，也就是说，催产素会降低与朋友分享时的杏仁核的激活，这可能反映出催产素的抗焦虑作用。成人依恋类型是一种重要的特质，它能强烈影响个体对待他人的社会关系和反应。焦虑型依恋个体倾向于认为别人没有反应或前后矛盾，担心被拒绝，并且表现出对支持或敌对的迹象的高度警惕（Vrticka et al.，2008）。而之前的研究发现，不安全的依恋类型被证明可以调节催产素对行为反应和大脑活动作用（Bartz et al.，2011；Buchheim et al.，2009；Riem et al.，2016）。因此，似乎催产素和依恋相互作用抑制了主观焦虑和生理应激反应，而催产素则有可能改善与熟悉的人的社会交往和依恋关系，比如边缘型人格障碍女性患者与朋友或精神治疗师的关系（Herpertz and Bertsch，2015）。

据我们所知，这项研究是第一个使用行为和脑成像方法同时对两个独立的样本进行评估，同时提供了相似的行为证据。催产素在朋友分享情境中对刺激评价的提高主要发生在磁共振组的女性被试身上。在行为组中，催产素唯一显著的作用是女性被试在朋友分享条件下加工正性刺激以及男性被试在陌生人中分享条件下加工负性刺激。在磁共振组中，催产素对效价评价中的作用更强，且对三种效价的刺激中都有显著的影响，尽管事后检验显示只有在正性和中性效价刺激上是显著的。另一方面，对于男性被试催产素对于陌生人分享情境的效应消失了。

催产素的实验情境差异不太可能是由于两个实验组被试的友谊得分和情绪、焦虑、抑郁和其他类似的衡量标准的差异，因为两组的这些指标都没有显著差异。另一种解释是不同的实验测试环境的影响。磁共振成像检查可以触发应激反应，并与认知和情绪过程的表现和神经活动相关

（Critchley，2009；Muehlhan et al.，2013）。虽然我们没有在这两种情况下记录任何压力指数，但只有使用安慰剂的男性被试中表现出显著的行为差异，功能磁共振组似乎表现出更大的共享效应。此外，在使用安慰剂的女性被试中，当与朋友分享时，杏仁核和脑岛的反应以及两者之间的功能连接都更强，这可能表明她们比男性更焦虑。与男性被试相比，女性被试的依恋焦虑得分和杏仁核反应的正相关关系也更强。因此，在这种情况下，对催产素效应的一种可能的解释是，相比安慰剂，它可以通过提高社会缓冲的效果来减少女性的焦虑，从而使与朋友分享图片的体验更加积极。另一方面，男性被试的分享行为本身可能产生足够的社会缓冲效应来减少焦虑，因此，催产素没有额外的效果。事实上，在男性被试中催产素实际上提高了杏仁核和脑岛的激活，因此，可能产生了轻微的焦虑效应，之前的研究也有类似的结果（Striepens et al.，2012）。

　　和我们之前预测的基本一致，催产素还增加了共享条件下被试唤醒度评价的总体水平，这与之前大部分结果显示催产素对唤醒度没有作用一致（Norman et al.，2011；Scheele et al.，2015）。值得注意的是，催产素可以降低被试在独自一人的情境下评定的唤醒度，而在独自一人条件下，任何社会缓冲都是最小的，因此也意味着，催产素的治疗可能会产生轻微的抗焦虑效果。这与之前的一项研究一致，催产素不仅增强了社会缓冲条件下的抗焦虑效果，而且在没有社会缓冲的情况下也产生了抗焦虑效果（Heinrichs et al.，2003）。

　　神经影像学研究表明，皮层下区域是催产素的主要目标，即鼻喷催产素与神经激活相关包括杏仁核，尾核和脑岛。在本研究中，使用催产素使得杏仁核活动降低的同时伴随着脑岛活动的降低，以及脑岛—杏仁核功能连接的减弱。研究早已经证明脑岛在评估任务的过程中扮演了重要的角色（Phan et al.，2002；Singer et al.，2004）。一项元分析研究发现，所有的催产素研究中，左脑岛都是最活跃的区域（Wigton et al., 2015）。我们对女性的研究结果与之前的结果相反，之前的研究发现，通常催产素使女性（Domes et al., 2010；Riem et al., 2011）和男性（Rilling et al., 2012；Striepens et al., 2012）的脑岛活动增强。然而，我们的结果和有些研究结果一致，比如在信任游戏（Baumgartner et al., 2008）或非互利合作任务（Chen et al., 2016）中，催产素降低左侧脑岛活动。此外，在女性被试与朋友分享图片后，右侧脑岛和左侧杏仁核的功能连接减弱了，这表明脑岛可能对杏仁核有一些调节作用来进行情绪处理（Striepens et al., 2012）。我们主要在与朋友一起观看图片的情境中发现了杏仁核的激活，这表明催产素在调节情绪状态的过程中，亲密他人的作用更大。

我们承认本研究还有一些不足之处。首先，尽管我们的数据表明，在 MRI 扫描仪中，催产素可能会有社会缓冲效应，特别是减少女性的焦虑，但我们并没有采取任何生理上的测量来支持这一观点。第二，我们的数据支持了一种假设，即催产素效应是有性别差异的，但我们不能排除女性雌激素差异的影响存在，因为我们没有直接测试女性的月经周期，这可能导致不正确的结果。如前所述，进一步对催产素效应的研究应该严格测量或控制女性的月经周期，以避免月经周期的影响。第三，我们在实验研究中使用的情绪刺激材料选择的是中等程度正性的或是负性的刺激材料，而没有使用极端负性或正性的刺激图片以避免产生天花板效应，因此，通过我们的研究并不清楚催产素对极端情绪体验的作用。鉴于催产素可以整体提高被试对刺激材料的积极体验，后续研究可以考虑使用极端负性的刺激材料作为研究对象。第四，我们使用的范式并不涉及朋友之间真实的陪伴，两名朋友在不同的实验环境中完成任务，也没有分享和交流，这可能也影响了我们的发现。后续实验可以更深入地探讨如焦虑情境中朋友的陪伴或安慰的情境的催产素效应。第五，为了提高效应，我们没有在神经成像分析中区分刺激的效价，因此，无法探索特定的情感环境的影响。我们的研究分析催产素对神经水平的影响时重点是不同情境下催产素的主效应以及催产素与性别的交互作用。为了增加我们的主要问题的能力，神经分析并没有进一步对其他的因素进行探索。然而，这一策略的代价是，在行为层面上复杂的性别、药物处理和效价的相互作用的神经基础无法得到充分的探索。在未来的研究中，可以对催产素进行更加复杂的研究。此外，在目前的研究中观察到的催产素效应应该进一步在情绪缺失的人群中进行评估。另外，参考之前的一些文献，我们在本研究中使用了 40 IU 的鼻喷催产素（Frijling et al.，2016a；Koch et al.，2016；Zhao et al.，2018），但是也有一些研究发现，催产素的效应和催产素的剂量有关（Cardoso et al.，2013；Quintana et al.，2015；Quintana et al.，2016；Spengler et al.，2017），所以使用较低的剂量是否能得到相同的结果犹未可知（Guastella et al.，2013）。

综合来看，研究结果表明，在社会共享范式的背景下，社会奖赏和社会缓冲元素都参与了行为和神经的作用，鼻喷催产素会提高与朋友分享的影响，可能主要是通过改善焦虑的方式。在情绪刺激的处理过程中，催产素使包括杏仁核和脑岛在内的大脑区域的激活发生了变化，其中一些变化根据性别和环境不同而不同。两组被试样本的行为结果均表明催产素促进女性被试在朋友情境中评价更加积极，相应的脑成像结果证实催产素降低了杏仁核和脑岛的激活以及它们的功能连接。在与朋友分享的过程中，催产素降低杏仁核反应的效果也与女性的依恋焦虑有关。这进一步支持了催产素作为潜在治疗方法，以减少缺乏安全感的女性的焦虑，比如边缘型人格障碍。本研究表明，在个体或实验环境中，催产素和社会认知之间的关系根据被试群体和实验情境的不同并不总是一致的。由于低安全感的依恋模式在临床人群中占主导地位，所以需要进一步研究这些中介因素之间明显复杂的相互作用，来了解催产素对人类社会加工的影响。此外还可以进一步研究确定催产素对男性和女性产生焦虑或抗焦虑的影响，在多大程度上取决于目前的压力水平和社会缓冲效果的有效性。此外，对催产素的社会效应的研究，对于增进我们对依恋神经学和心理学的理解是很重要的。

4.6　本章小结

人类参与社会交流，和他人建立关系，这样的行为本身就具有奖赏作用。然而，当个体的依恋类型为不安全的依恋类型以及存在高社会焦虑会降低这种奖赏。根据前人研究，催产素可能通过降低焦虑或提高奖赏体验促进个体的社交行为，尽管其影响是依赖情境的（Bartz et al.，2011）。本研究设计主要考察鼻喷催产素对社会分享体验的作用及其在不同情境的效应。

在本研究中128对相同性别的好朋友完成了一项社会分享任务，采用双盲、安慰剂控制、被试间设计。其中一人在磁共振间完成行为任务的同时进行脑成像扫描，另一人在相邻的行为实验室仅完成行为任务。此外，我们探究了催产素的作用是否受被试性别和依恋类型的影响。

结果显示，对于女性被试，催产素提高被试与朋友共享图片时的积极体验，尤其是对磁共振实验室的被试而言。相应的脑成像结果显示，催产素降低了女性被试和朋友共享图片时的杏仁核和脑岛的激活以及两者的功能连接强度，而同样的条件下，男性的激活强度和功能连接强度都升高。另一方面，该研究结果没有发现催产素对奖赏脑区的增强作用。在安慰剂组被试中，女性共享图片时的杏仁核反应与其依恋焦虑呈正相关，而催产素显著降低了这种相关。总之我们的研究进一步证明了催产素促进了女性积极的分享体验，并且这种行为改变与杏仁核和脑岛活动改变有关。此外，催产素尤其对依恋类型表现为高焦虑的被试有作用，降低其杏仁核活动。

据我们所知，这项研究是第一个使用行为和 fMRI 方法同时在两个独立的样本对催产素效应进行评估，同时提供了相似但不完全一致的行为证据。之前研究也表明，催产素引起的神经活动变化并不一定会导致相应的可测量的行为变化。这种现象可能是由催产素剂量造成的，尽管催产素剂量足以对神经活动产生可测量的改变。另外，大脑的多个区域反应共同作用于个体行为，受影响的神经区域的活动可能无法单独调节被测量的行为。尽管在某些细节上仍有一些不一致的地方，但行为组复制了功能磁共振成像组的性别效应。

此外，它也是第一个证明在不同的共享环境下，催产素可能对个人情绪状态有所作用的研究。结合女性被试行为结果，催产素促进亲社会行为主要是通过调节焦虑的系统，而不是通过增加它们的奖赏神经回路反应（Gimpl and Fahrenholz，2001）或通过提高社会情感信息的突显性促进社会性趋近行为。因此，催产素可能有潜力改善与熟悉的人或精神治疗师的社交互动，也许应用于边缘性人格障碍患者中（Herpertz and Bertsch，2015）。这表明，在未来的研究中，与催产素效应有关的措施应该包含更复杂的情感场景，如交流、真实的分享行为或反馈等。

此外，我们比较了男性和女性的行为反应和大脑活动差异，并为催产素效应的性别差异提供了进一步的证据。和其他研究不一致，我们主要在女性被试中发现了催产素的效应。催产素在男女被试加工不同效价的刺激时产生不同影响，这表明催产素的性别差异可能表现在不同情绪体验和情境因素上（Gao et al.，2016）。一个可能的原因是本研究中我们考察的是分享情境，相对来说是友好的情境。使用催产素后男性被试可能对朋友的陪伴并不敏感。而对于陌生人情境来说，本身可能是比较负性的情境，因而催产素可以提高效价评定。

个体依恋表现差异预示了催产素影响神经活动的变化。催产素主要作用于情绪加工有缺陷的个体（De Dreu，2012b），使用催产素的低安全感个体倾向于更积极地解释模棱两可的与依恋相关的情况（例如：与孤独或分离有关（Buchheim et al.，2009）。那些有焦虑感的人从催产素中获益最多。很多研究报告的结果一致，即鼻喷催产素的社会效应主要作用于低安全依恋个体中（Luminet et al.，2011；Riem et al.，2016）。也有其他不一致的证据表明，当没有提供他人的信息和反馈信息时，依恋焦虑不受催产素的调节（De Dreu，2012b）。这些差异的解释可能涉及提供的信息，或者情境是合作还是竞争。在那些发现依恋焦虑和催产素之间的相互作用的研究中，被试可以得到更多关于他人的信息。例如，参与者在考虑他们母亲的可用性（Bartz et al.，2010），或者得到了关于他人在之前的几轮比赛中合作过的反馈（Bartz et al.，2011）。了解催产素在依恋行为中的作用可能对一些与压力有关的精神和发育障碍有临床意义。我们的研究结果支持催产素降低焦虑的作用，但是考虑到许多研究支持催产素对社会奖赏的促进作用，未来的研究可以考虑调整。考虑到对催产素对人类行为影响的认识越来越多，催产素对大脑功能的影响的研究可以帮助我们理解社会脑的神经网络。

第 5 章　全文总结与展望

5.1　全文总结

人类的社会行为会受到神经体液系统的强烈影响。催产素作为大脑分泌的重要激素之一，它在调节人类社会行为和情感系统中也扮演着重要的角色，把握催产素的作用规律有助于我们理解人类社会行为模式。

本书首先对催产素的研究作了综述，回顾了催产素的研究历史和发展现状，重点探讨了催产素的性别和情境效应，作为本研究的基础。结合催产素的基因研究和体内催产素浓度的研究来看，催产素作为大脑分泌的重要激素之一，是人类中枢神经系统中的神经调节剂，在调控个体行为方面有着重要作用。大量的文献研究了它对人类社会行为的影响。这些研究表明，催产素可以调节社会行为的各个方面，如社会信息加工以及移情、信任、合作、群际偏好、人际关系等。这些结果激发了人们对催产素作为干预药物的兴趣，来治疗自闭症和社会焦虑等社会认知障碍的。

然而，研究人员越来越认识到，鼻喷催产素对社会行为的影响可能并不是那么简单和直接，其作用表现为高度依赖于情境、任务类型以及个体性别、特质等因素。一些理论试图解释催产素的作用。最早提出的亲社会理论认为，催产素主要是增强了亲社会行为；恐惧 / 压力理论认为，催产素通过缓解焦虑影响社会表现；社会显著性假说认为催产素主要调节社会线索的突显性；社会适应的观点强调催产素主要促进社会适应行为，内外群体的观点强调群体属性和亲密关系对催产素效应的调节。本文在此基础上提出了进一步的研究问题，即催产素对社会奖赏信息加工的影响，以及社会亲密关系在其中的调节作用，希望在群体和个体层面系统探讨社会亲密关系对催产素作用的调节。

人类有归属的需要，对人际关系的渴望是一种基本的人类动机。社会支持在身心健康方面起着至关重要的作用。在广泛的社会活动中，婴儿或儿童从看护人那里得到照顾，并与他们建立联系；长大之后需要和浪漫伴侣建立亲密关系；其他亲密关系还包括人际关系、群体关系等，对个体的成长发展也至关重要（Gangestad and Grebe，2016）。人际关系和群际关系在很长一段时间都是社会心理学中的研究对象。

为了研究不同条件下催产素对个体奖赏信息加工的影响，我们设计并实施了两项实验，分别从群体关系以及个体关系两种实验情境来探索催产素的情境效应。这两项研究主要融合了行为科学、神经药理学和脑成像的方法，采用经典心理学实验范式，研究了催产素对社会奖赏信息加工的影响，并探究其相应的神经机制。实验一研究作为与个体关系紧密的内群体和与个体关系疏远的外群体是否调节催产素的作用。实验二研究作为与个体关系紧密的朋友和与个体关系疏远的陌生人是否调节催产素的作用。

实验一采用行为实验方法，招募了男女大学生被试完成实验。实验采用了被试间双盲设计，一次性给药 24 IU。被试被要求观看来自不同群体的刺激图片，并对其喜好程度进行评定。在第一次测验一周后进行复测。实验结果显示催产素提高了被试对内群体的人物的偏好，而对外群体的刺激没有显著的改变。该研究没有发现显著的性别差异并且两次测量都发现了相似的结果。这表明催产素对奖赏信息的加工的影响可能发生在编码阶段。总之，这项研究进一步肯定了催产素对群际偏好的影响。

实验二采用了脑成像研究方法，并且由于被试和朋友同时参加实验，因而同时有一组被试采用行为实验的方法。在这项研究中，两名同性别的朋友同时被招募完成了这项任务，他们随机使用了 40 IU 的催产素或安慰剂。采用双盲、安慰剂对照、被试间实验设计，采用修改过的共享范式，以研究在不同的共享环境中，催产素对神经活动的作用以及相对应的主观评价改变，并探索其性别差异。在目前的研究中，被试被要求观察和评估不同共享条件下的情绪刺激。两个样本的结果显示，催产素促进了女性与朋友共享图片时的情感体验，并伴随着杏仁核与脑岛激活的降低与两者间功能连接强度的降低。并且女性被试的催产素效应受到个体依恋焦虑水平的调节。这项研究证明，催产素可以在与亲密他人的共享环境中促进积极的情绪体验。因此，催产素有可能改善与熟悉的人的社交互动。此外，我们比较了男性和女性的行为和大脑活动，并为催产素效应的性别差异提供了进一步的证据。我们的结果支持这样一种观点，即催产素的主要作用是改善人们利用社交线索的方式，目的是产生最符合社会适应结果的，也是最有用的行为（Bartz et al.，2011）。

这两项实验均研究了催产素对社会奖赏信息加工的影响，并着重探究社会关系在其中的调节作用。两项实验均表明当社会信息来源于与自己关系亲密的他人时，催产素对信息的加工有促进作用。在两个实验中，我们均探究了催产素作用的性别差异。但是我们在实验一中没有发现性别差异，而在实验二中发现了显著的性别差异。之前也有研究发现了催产素对社会趋近行为影响作用的性别差异，而另一些研究则没有发现性别差异。因此，我们推测这种结果的差异可能是由于任务类型的差异导致的，虽然两个实验中我们都试图区分亲密关系的他人和疏远关系的他人，但是群际间偏好在男性和女性上的表现类似，因此，催产素对男性和女性的调节作用类似。而对于朋友和陌生人的陪伴来说，相对于男性，女性更加看中和需要朋友的陪伴，因而个体体验有差异，可能是这种差异导致了性别差异。因此，我们需要进一步的研究来验证这个猜想。对社会关系的研究也需要多样性，比如亲子关系、配偶关系。以往证据表明，外源性催产素通过强化实验中的情境特征来增加群体竞争效应。在没有竞争启动的条件下，催产素更有可能放大人类亲社会行为的适度偏好（Terris et al., 2018）。

5.2 研究新进展

在研究方法上，随着磁共振研究的技术成熟，对催产素的实验研究越来越多地采用了磁共振研究方法。近几年各种测量技术的使用，使催产素研究的领域继续扩大。例如，眼动实验研究发现，催产素可以促进社会定向注视追随。社交定向注视追随是社交互动和交流的一个重要组成部分，它允许我们与他人一起关注特定的物体或人（Le et al., 2021）。催产素可以促进情感共情，这与在情感情境中更多地注视个人的面孔有关（Le et al., 2020）。今后的研究可以采用多种方法、包括磁共振、脑电、眼动、近红外等试验方法，结合基因分析，多角度分析。

内源性催产素与外源性催产素等的测量与研究有待结合。内源性催产素水平在个体和群体层面都有差异，这种差异在一定程度上塑造了社会行为。但到目前为止，这种涉及血浆催产素水平与社交行为的研究较为单一，影响尚不明确。其中，较低的血浆催产素水平表现出社交动机减弱，与自闭症有关，也与精神分裂症患者的症状严重程度和较差的社会认知表现有关，这一观点基本得到了支持。但另一方面，对较高的血浆催产素水平表现的研究结果较为复杂。有些研究发现，较高的血浆催产素水平与积极关系、支持性沟通、积极的养育方式及亲社会行为有关。例如，一项研究发现，更高的基线催产素预示着内群体玩家之间帮助行为的增加，个人目标的讨论减少，且这种预测关系可作为群体成员关系的函数。游戏过程中的行为预测了个体内源性催产素水平的变化，在没有帮助行为的外群体成员中，内源性催产素水平较基线水平有所下降（McClung et al., 2018）。但是，也有研究表明，较高的血浆催产素水平也与人际关系痛苦和重度抑郁症有关。因此，内源性催产素可能是个体对社会线索和（或）社会动机敏感的生物标志物。高血浆催产素水平有更多的社交敏感度和人际关系焦虑，可能同时有着更高社交需要和过度反应，因此，社交行为表现更为复杂。考虑到个体对外源性催产素的反应也不尽相同，针对不同特质群体的内源性催产素水平与外源性催产素共同作用有待进一步研究。

　　除了内源性催产素水平的差异，催产素受体基因的多态性也与社会认知和社会行为有关。催产素受体在人体内的密度、分布和多态性等方面均存在差异。催产素受体基因的变化与亲子关系、特质和行为共情、亲社会行为、社交行为等有关。并且，催产素受体基因影响高级社会行为往往需要与催产素对社会认知、情绪等加工联系起来。例如，有研究发现，催产素受体基因与合作之间的联系可能部分是由于催产素受体基因影响涉及情绪识别、同理心 / 心理理论、社会交流和社会奖励寻求的大脑系统（Haas, Anderson, & Smith, 2013）。因此，未来的工作应该讨论催产素受体基因的等位变异是否会调节个体对外源性催产素的反应。

5.3　后续工作展望

　　催产素的研究近几年在国内外都发展迅速，本文仅针对催产素在不同情境下对个体奖赏信息加工的改变进行研究，结合其他研究的结果，这些发现指出了催产素系统干预治疗以社交障碍为特征的精神障碍的治疗潜力，如社交焦虑、精神分裂症或自闭症谱系障碍。在本文研究工作的基础上，仍有以下方向值得进一步研究。

在研究内容上，首先关于内群体偏好的神经机制，有研究发现其与内侧前额叶皮质的激活有关（Volz et al., 2009）。还有结果显示与社会分类有关的脑区包括背内侧前额叶，后前扣带和楔前叶。催产素作用于广泛的前额皮质，这可能是催产素调节内群体偏好的神经基础，进一步研究可以采用脑成像方法，探究催产素对群际偏好作用的神经机制。

群体偏好的研究内容非常广泛，尤其对于种族间的内群体偏好，前人研究发现，共情、心理理论、面孔识别、认知控制、社会分类等受到社会群体关系、文化特质、真实生活经验等影响。今后的研究可以进一步研究催产素的作用是否受到这些因素的调节，以及催产素和其他潜在的生理机制如何与认知相互作用。目前对催产素的实验室研究主要集中在社会认知、社会情感、社会决策。在未来的研究中，应该包括在一个更加社会化的情境中考察催产素效应，包括交流、真正的分享行为或反馈在内的社会行为。在本研究中我们发现，对于女性来说，依恋焦虑水平越高，催产素效应越强，即个体的依恋焦虑水平和催产素效应有关。结合之前的研究，今后的研究应该考虑人类早期不良的社会环境如何影响催产素系统。

减少偏见和改善群体间关系的机制是社会心理学的核心主题。最近研究致力于探索更多有效的方法能降低群际偏见。有研究发现，情境模拟可以减少亲社会意图和行为的群际偏见（Gaesser, Shimura, and Cikara, 2020）。观点采择可以减少视觉表征的面孔的群际偏见（Hutchings et al., 2021）。许多研究探讨了亲密关系领域人际交往与催产素的联合作用，但在群际偏好领域这种研究相对较少，后续研究可以考虑催产素的作用。此外，还要充分考虑到不同种族和社会文化的差异，进行跨文化的研究，对比催产素效应的异同。

在实验对象上，目前大量研究集中在正常人身上，还缺乏对单一剂量的鼻喷催产素对临床人群的研究。鉴于目前社会心理治疗的局限性和社会认知缺陷的药物治疗的缺乏，新型治疗药物的开发可以极大地促进各种精神疾病社会功能的恢复。然而，根据之前的研究推测，如果催产素治疗运用于具有威胁性环境中的焦虑症个体上，可能反而会增加威胁信号的显著性，这可能会引发高度的焦虑。类似的，催产素治疗患者可能会增强消极社会互动的显著性，因此，日常催产素治疗可能要考虑生活环境的性质和潜在影响。

此外一个重要的问题还有鼻喷催产素剂量。目前研究中常用的是 40 IU 或 24 IU，多为单次使用。很少有人分析催产素的重复和长期影响，其影响可能在治疗时间之后持续数周。因此，进行更大规模的研究，系统考察催产素剂量问题，来进一步阐明外源性催产素治疗对人类大脑活动和心理行为的长期影响及其行为后果有重要意义。我们在两项实验中采取了不同剂量的催产素和安慰剂，但是由于任务的差异，无法对比两种剂量的鼻喷剂效果，也无法排除剂量对于性别差异等结果的作用。今后的研究应该结合个体内源催产素浓度，或催产素受体基因，在考虑任务属性的基础上，来探究鼻喷催产素的浓度与鼻喷次数对个体催产素效应的影响。从临床上来讲，未来的研究需要使用更长时间的设计，调查长期摄入催产素后的生物学和行为改变。

最后，目前除了催产素的实证研究，许多人也采用了元分析的方法，或者采用综述的方法试图整合当前的各种研究结果。此外，考虑到一些研究得到了不一致的研究结果，今后的研究可以关注这些冲突产生的原因，逐渐建构催产素作用的模型，把影响因素纳入其中。新的研究可以考察相同的任务下不同的社会关系对催产素的调节作用，这有助于进一步梳理催产素的情境效应，性别差异，乃至个体差异，整合催产素作用的各种理论。我们需要从理论出发，进一步考虑催产素是通过哪种或哪些机制的某种结合来调节社会行为的。

参考文献

［1］Abdi Z，Sharma T．Social cognition and its neural correlates in schizophrenia and autism［J］．CNS spectrums，2004，9（5）：335-343．

［2］Abram S V，De Coster L，Roach B J，et al．Oxytocin enhances an amygdala circuit associated with negative symptoms in schizophrenia：A single-dose，placebo-controlled，crossover，randomized control trial［J］．Schizophr Bull，2020，46（3）：661-669．

［3］Abu-Akel A，Fischer-Shofty M，Levkovitz Y，et al．The role of oxytocin in empathy to the pain of conflictual out-group members among patients with schizophrenia［J］．Psychol Med，2014，44（16）：3523-3532．

［4］Abu-Akel A，Palgi S，Klein E，et al．Oxytocin increases empathy to pain when adopting the other-but not the self-perspective［J］．Soc Neurosci，2015，10（1）：7-15．

［5］Acevedo B P，Aron A，Fisher H E，et al．Neural correlates of long-term intense romantic love［J］．Soc Cogn Affect Neurosci，2012，7（2）：

145–159.

[6] Aguilar–Raab C, Eckstein M, Geracitano S, et al. Oxytocin modulates the cognitive appraisal of the own and others close intimate relationships [J]. Front Neurosci, 2019, 13: 714.

[7] Alaerts K, Taillieu A, Daniels N, et al. Oxytocin enhances neural approach towards social and non–social stimuli of high personal relevance [J]. Sci Rep, 2021, 11 (1): 23589.

[8] Alcorn III J L, Green C E, Schmitz J, et al. Effects of oxytocin on aggressive responding in healthy adult males [J]. Behavioural pharmacology, 2015, 26 (800): 798.

[9] Algoe S B, Kurtz L E, Grewen K. Oxytocin and social bonds: the role of oxytocin in perceptions of romantic partners' bonding behavior [J]. Psychological science, 2017, 28 (12): 1763–1772.

[10] Amunts K, Kedo O, Kindler M, et al. Cytoarchitectonic mapping of the human amygdala, hippocampal region and entorhinal cortex: intersubject variability and probability maps [J]. Anatomy and embryology, 2005, 210 (5–6): 343–352.

[11] Andari E, Duhamel J –R, Zalla T, et al. Promoting social behavior with oxytocin in high–functioning autism spectrum disorders [J]. Proceedings of the National Academy of Sciences, 2010, 107 (9): 4389–4394.

[12] Andari E, Massa N M, Fargotstein M D, et al. Effects of oxytocin on emotion recognition in schizophrenia: A randomized double–blind pilot study [J]. J Clin Psychopharmacol, 2021, 41 (2): 103–113.

[13] Apter–Levy Y, Feldman M, Vakart A, et al. Impact of maternal

depression across the first 6 years of life on the child's mental health, social engagement, and empathy: The moderating role of oxytocin [J]. American Journal of Psychiatry, 2013, 170 (10): 1161–1168.

[14] Ashburn–Nardo L, Monteith M J, Arthur S A, et al. Race and the psychological health of African Americans [J]. Group Processes & Intergroup Relations, 2007, 10 (4): 471–491.

[15] Auyeung B, Lombardo M V, Heinrichs M, et al. Oxytocin increases eye contact during a real–time, naturalistic social interaction in males with and without autism [J]. Transl Psychiatry, 2015, 5: e507.

[16] Aydogan G, Furtner N C, Kern B, et al. Oxytocin promotes altruistic punishment [J]. Soc Cogn Affect Neurosci, 2017, 12 (11): 1740–1747.

[17] Aydogan G, Jobst A, D'Ardenne K, et al. The detrimental effects of oxytocin–induced conformity on dishonesty in competition [J]. Psychol Sci, 2017, 28 (6): 751–759.

[18] Bakermans–Kranenburg M J, van I J M H. Sniffing around oxytocin: review and meta–analyses of trials in healthy and clinical groups with implications for pharmacotherapy [J]. Transl Psychiatry, 2013, 3 (5): e258.

[19] Bakermans–Kranenburg M J, van Ijzendoorn M H, Riem M M E, et al. Oxytocin decreases handgrip force in reaction to infant crying in females without harsh parenting experiences [J]. Soc Cogn Affect Neurosci, 2012, 7 (8): 951–957.

[20] Bales K L, Perkeybile A M. Developmental experiences and the oxytocin receptor system [J]. Horm Behav, 2012, 61 (3): 313–319.

［21］Banks W C. White preference in Blacks: A paradigm in search of a phenomenon ［J］. Psychological Bulletin, 1976, 83（6）: 1179.

［22］Barchi-Ferreira A M, Osório F L. Associations between oxytocin and empathy in humans: A systematic literature review ［J］. Psychoneuroendocrinology, 2021, 129（3）: 105268.

［23］Baron-Cohen S, Wheelwright S. The empathy quotient: an investigation of adults with Asperger syndrome or high functioning autism, and normal sex differences ［J］. Journal of autism and developmental disorders, 2004, 34（2）: 163-175.

［24］Baron-Cohen S, Wheelwright S, Hill J, et al. The "Reading the Mind in the Eyes" Test revised version: a study with normal adults, and adults with Asperger syndrome or high-functioning autism ［J］. The Journal of Child Psychology and Psychiatry and Allied Disciplines, 2001, 42（2）: 241-251.

［25］Bartz J, Simeon D, Hamilton H, et al. Oxytocin can hinder trust and cooperation in borderline personality disorder ［J］. Soc Cogn Affect Neurosci, 2011, 6（5）: 556-563.

［26］Bartz J A, Lydon J E, Kolevzon A, et al. Differential effects of oxytocin on agency and communion for anxiously and avoidantly attached individuals ［J］. Psychological science, 2015, 26（8）: 1177-1186.

［27］Bartz J A, Zaki J, Bolger N, et al. Social effects of oxytocin in humans: context and person matter ［J］. Trends in Cognitive Sciences, 2011, 15（7）: 301-309.

［28］Bartz J A, Zaki J, Bolger N, et al. Social effects of oxytocin in humans: context and person matter［J］. Trends Cogn Sci, 2011, 15（7）:

301-309.

［29］ Bartz J A, Zaki J, Ochsner K N, et al. Effects of oxytocin on recollections of maternal care and closeness ［J］. Proc Natl Acad Sci U S A, 2010, 107（50）: 21371-21375.

［30］ Bate S, Bennetts R, Parris B A, et al. Oxytocin increases bias, but not accuracy, in face recognition line-ups ［J］. Soc Cogn Affect Neurosci, 2015, 10（7）: 1010-1014.

［31］ Baumeister R F, Leary M R. The need to belong desire for interpersonal attachments as a fundamental human motivation ［J］. Psychological Bulletin, 1995, 117（3）: 497.

［32］ Baumgartner T, Heinrichs M, Vonlanthen A, et al. Oxytocin shapes the neural circuitry of trust and trust adaptation in humans ［J］. Neuron, 2008, 58（4）: 639-650.

［33］ Beck A T, Steer R A, Brown G K. Beck depression inventory-Ⅱ ［J］. San Antonio, 1996, 78（2）: 490-498.

［34］ Berg J, Dickhaut J, McCabe K. Trust, reciprocity, and social history ［J］. Games and economic behavior, 1995, 10（1）: 122-142.

［35］ Bernaerts S, Boets B, Steyaert J, et al. Oxytocin treatment attenuates amygdala activity in autism: a treatment-mechanism study with long-term follow-up ［J］. Transl Psychiatry, 2020, 10（1）: 383.

［36］ Bernaerts S, Prinsen J, Berra E, et al. Long-term oxytocin administration enhances the experience of attachment ［J］. Psychoneuroendocrinology, 2017, 78: 1-9.

［37］ Bertsch K, Gamer M, Schmidt B, et al. Oxytocin and reduction of social threat hypersensitivity in women with borderline personality disorder

[J]. American Journal of Psychiatry, 2013, 170（10）: 1169–1177.

[38] Bethlehem R A, Van Honk J, Auyeung B, et al. Oxytocin, brain physiology, and functional connectivity: a review of intranasal oxytocin fMRI studies [J]. Psychoneuroendocrinology, 2013, 38（7）: 962–974.

[39] Bethlehem R A I, Lombardo M V, Lai M C, et al. Intranasal oxytocin enhances intrinsic corticostriatal functional connectivity in women [J]. Transl Psychiatry, 2017, 7（4）: e1099.

[40] Bizumic B, Duckitt J. What is and is not ethnocentrism?A conceptual analysis and political implications [J]. Political Psychology, 2012, 33（6）: 887–909.

[41] Borland J M, Rilling J K, Frantz K J, et al. Sex–dependent regulation of social reward by oxytocin: an inverted U hypothesis [J]. Neuropsychopharmacology, 2018, 44（1）: 97–110.

[42] Born J, Lange T, Kern W, et al. Sniffing neuropeptides: a transnasal approach to the human brain [J]. Nature neuroscience, 2002, 5（6）: 514.

[43] Bos P A, Spencer H, Montoya E R. Oxytocin reduces neural activation in response to infant faces in nulliparous young women [J]. Soc Cogn Affect Neurosci, 2018, 13（10）: 1099–1109.

[44] Bosch O J, Meddle S L, Beiderbeck D I, et al. Brain oxytocin correlates with maternal aggression: link to anxiety[J]. J Neurosci, 2005, 25（29）: 6807–6815.

[45] Bosch O J, Young L J. Oxytocin and social relationships: From attachment to

bond disruption [J]. Curr Top Behav Neurosci, 2018, 35: 97-117.

[46] Brennan K A, Clark C L, Shaver P R. Self-report measurement of adult attachment: An integrative overview [M]. New York: Guilford Press, 1998.

[47] Brett M, Anton J -L, Valabregue R, et al. Region of interest analysis using the MarsBar toolbox for SPM 99 [J]. NeuroImage, 2002, 16 (2): S497.

[48] Breuer K, Wittmann M, Bösche B, et al. Severe atopic dermatitis is associated with sensitization to staphylococcal enterotoxin B (SEB) [J]. Allergy, 2000, 55 (6): 551-555.

[49] Brewer M B. The psychology of prejudice: Ingroup love and outgroup hate? [J]. Journal of social issues, 1999, 55 (3): 429-444.

[50] Brewer M B. Ingroup identification and intergroup conflict [J]. Social identity, intergroup conflict, and conflict reduction, 2001, 3: 17-41.

[51] Bryant R A, Hung L. Oxytocin enhances social persuasion during hypnosis [J]. PLoS One, 2013, 8 (4): e60711.

[52] Buchheim A, Heinrichs M, George C, et al. Oxytocin enhances the experience of attachment security [J]. Psychoneuroendocrinology, 2009, 34 (9): 1417-1422.

[53] Burkett J P, Andari E, Johnson Z V, et al. Oxytocin-dependent consolation behavior in rodents [J]. Science, 2016, 351 (6271): 375-378.

[54] Busnelli M, Chini B. Molecular basis of oxytocin receptor signalling in the brain: What we know and what we need to know [J]. Curr Top Behav Neurosci, 2018, 35: 3-29.

[55] Calcagnoli F, De Boer S F, Althaus M, et al. Antiaggressive activity of

central oxytocin in male rats［J］. Psychopharmacology, 2013, 229（4）: 639-651.

［56］Cardoso C, Ellenbogen M A, Linnen A M. Acute intranasal oxytocin improves positive self-perceptions of personality［J］. Psychopharmacology（Berl）: 2012, 220（4）: 741-749.

［57］Cardoso C, Ellenbogen M A, Orlando M A, et al. Intranasal oxytocin attenuates the cortisol response to physical stress: A dose-response study［J］. Psychoneuroendocrinology, 2013, 38（3）: 399-407.

［58］Cardoso C, Orlando M A, Brown C A, et al. Oxytocin and enhancement of the positive valence of social affiliation memories: an autobiographical memory study［J］. Soc Neurosci, 2014, 9（2）: 186-195.

［59］Carter C S, Devries A C, Getz L L. Physiological substrates of mammalian monogamy: the prairie vole model［J］. Neuroscience & Biobehavioral Reviews, 1995, 19（2）: 303-314.

［60］Cavanna A E, Trimble M R. The precuneus: A review of its functional anatomy and behavioural correlates［J］. Brain, 2006, 129（3）: 564-583.

［61］Chang S W, Barter J W, Ebitz R B, et al. Inhaled oxytocin amplifies both vicarious reinforcement and self reinforcement in rhesus macaques（Macaca mulatta）［J］. Proceedings of the National Academy of Sciences, 2012, 109（3）: 959-964.

［62］Chen F S, Heinrichs M, Johnson S C. Oxytocin and the emergence of individual differences in the social regulation of stress［J］. Social and Personality Psychology Compass, 2017, 11（8）: e12332.

［63］Chen F S, Kumsta R, Von Dawans B, et al. Common oxytocin receptor gene（OXTR）polymorphism and social support interact to reduce stress in humans［J］. Proceedings of the National Academy of Sciences, 2011, 108（50）: 19937-19942.

［64］Chen X, Hackett P D, DeMarco A C, et al. Effects of oxytocin and vasopressin on the neural response to unreciprocated cooperation within brain regions involved in stress and anxiety in men and women［J］. Brain Imaging Behav, 2016, 10（2）: 581-593.

［65］Chen Y, Becker B, Zhang Y, et al. Oxytocin increases the pleasantness of affective touch and orbitofrontal cortex activity independent of valence［J］. Eur Neuropsychopharmacol, 2020, 39: 99-110.

［66］Clark-Elford R, Nathan P J, Auyeung B, et al. Effects of oxytocin on attention to emotional faces in healthy volunteers and highly socially anxious males［J］. Int J Neuropsychopharmacol, 2014, 18（2）.

［67］Clark C L, St John N, Pasca A M, et al. Neonatal CSF oxytocin levels are associated with parent report of infant soothability and sociability［J］. Psychoneuroendocrinology, 2013, 38（7）: 1208-1212.

［68］Coan J A, Schaefer H S, Davidson R J. Lending a hand: Social regulation of the neural response to threat［J］. Psychological science, 2006, 17（12）: 1032-1039.

［69］Cohen D, Perry A, Gilam G, et al. The role of oxytocin in modulating interpersonal space: A pharmacological fMRI study［J］. Psychoneuroendocrinology, 2017, 76: 77-83.

［70］Coker K K, Altobello S A, Balasubramanian S K. Message exposure with friends: The role of social context on attitudes toward prominently placed brands［J］. Journal of Consumer Behaviour, 2013, 12（2）:

102–111.

[71] Collins N L. Working models of attachment: Implications for explanation, emotion, and behavior [J]. Journal of Personality and Social Psychology, 1996, 71（4）: 810.

[72] Collins N L, Read S J. Adult attachment, working models, and relationship quality in dating couples [J]. Journal of Personality and Social Psychology, 1990, 58（4）: 644.

[73] Colonnello V, Chen F S, Panksepp J, et al. Oxytocin sharpens self-other perceptual boundary [J]. Psychoneuroendocrinology, 2013, 38（12）: 2996–3002.

[74] Colonnello V, Heinrichs M. Intranasal oxytocin enhances positive self-attribution in healthy men [J]. J Psychosom Res, 2014, 77（5）: 415–419.

[75] Colonnello V, Heinrichs M. Oxytocin and self-consciousness [J]. Front Hum Neurosci, 2016, 10: 67.

[76] Costa P T, McCrae R R. Neo PI/FFI manual supplement [J]. Odessa, FL: Psychological Assessment Resources, 1989, 40.

[77] Critchley H D. Psychophysiology of neural, cognitive and affective integration: fMRI and autonomic indicants [J]. International Journal of Psychophysiology, 2009, 73（2）: 88–94.

[78] Davis M, Whalen P J. The amygdala: vigilance and emotion [J]. Molecular psychiatry, 2001, 6（1）: 13.

[79] Davis M C, Lee J, Horan W P, et al. Effects of single dose intranasal oxytocin on social cognition in schizophrenia [J]. Schizophr Res, 2013, 147（2-3）: 393–397.

［80］De Dreu C K. Oxytocin modulates cooperation within and competition between groups: An integrative review and research agenda ［J］. Horm Behav, 2012a, 61（3）: 419–428.

［81］De Dreu C K. Oxytocin modulates the link between adult attachment and cooperation through reduced betrayal aversion ［J］. Psychoneuroendocrinology, 2012b, 37（7）: 871–880.

［82］De Dreu C K, Greer L L, Handgraaf M J, et al. Oxytocin modulates selection of allies in intergroup conflict ［J］. Proc Biol Sci, 2012, 279（1731）: 1150–1154.

［83］De Dreu C K, Greer L L, Handgraaf M J, et al. The neuropeptide oxytocin regulates parochial altruism in intergroup conflict among humans ［J］. Science, 2010, 328（5984）: 1408–1411.

［84］De Dreu C K, Greer L L, Van Kleef G A, et al. Oxytocin promotes human ethnocentrism ［J］. Proc Natl Acad Sci U S A, 2011, 108（4）: 1262–1266.

［85］Declerck C H, Boone C, Kiyonari T. Oxytocin and cooperation under conditions of uncertainty: the modulating role of incentives and social information ［J］. Horm Behav, 2010, 57（3）: 368–374.

［86］Declerck C H, Boone C, Kiyonari T. The effect of oxytocin on cooperation in a prisoner's dilemma depends on the social context and a person's social value orientation ［J］. Soc Cogn Affect Neurosci, 2014, 9（6）: 802–809.

［87］Declerck C H, Boone C, Pauwels L, et al. A registered replication study on oxytocin and trust ［J］. Nat Hum Behav, 2020, 4（6）: 646–655.

［88］Demoulin S, Leyens J P, Paladino M P, et al. Dimensions of "uniquely" and "non‐uniquely" human emotions ［J］. Cognition and emotion, 2004, 18（1）: 71–96.

［89］Denny B T, Fan J, Liu X, et al. Elevated amygdala activity during reappraisal anticipation predicts anxiety in avoidant personality disorder ［J］. Journal of Affective Disorders, 2015, 172: 1–7.

［90］Di Simplicio M, Massey‐Chase R, Cowen P, et al. Oxytocin enhances processing of positive versus negative emotional information in healthy male volunteers ［J］. Journal of Psychopharmacology, 2009, 23（3）: 241–248.

［91］Ditzen B, Nater U M, Schaer M, et al. Sex‐specific effects of intranasal oxytocin on autonomic nervous system and emotional responses to couple conflict ［J］. Soc Cogn Affect Neurosci, 2012, 8（8）: 897–902.

［92］Ditzen B, Nater U M, Schaer M, et al. Sex‐specific effects of intranasal oxytocin on autonomic nervous system and emotional responses to couple conflict ［J］. Soc Cogn Affect Neurosci, 2013, 8（8）: 897–902.

［93］Ditzen B, Neumann I D, Bodenmann G, et al. Effects of different kinds of couple interaction on cortisol and heart rate responses to stress in women ［J］. Psychoneuroendocrinology, 2007, 32（5）: 565–574.

［94］Ditzen B, Schaer M, Gabriel B, et al. Intranasal oxytocin increases positive communication and reduces cortisol levels during couple conflict ［J］. Biol Psychiatry, 2009, 65（9）: 728–731.

［95］Ditzen B, Schmidt S, Strauss B, et al. Adult attachment and social support interact to reduce psychological but not cortisol responses to stress

［J］. J Psychosom Res，2008，64（5）：479–486.

［96］ Domes G，Heinrichs M，Gläscher J，et al. Oxytocin attenuates amygdala responses to emotional faces regardless of valence［J］. Biol Psychiatry，2007，62（10）：1187–1190.

［97］ Domes G，Heinrichs M，Michel A，et al. Oxytocin improves "mind-reading" in humans［J］. Biol Psychiatry，2007，61（6）：731–733.

［98］ Domes G，Lischke A，Berger C，et al. Effects of intranasal oxytocin on emotional face processing in women［J］. Psychoneuroendocrinology，2010，35（1）：83–93.

［99］ Domes G，Ower N，Von Dawans B，et al. Effects of intranasal oxytocin administration on empathy and approach motivation in women with borderline personality disorder：A randomized controlled trial［J］. Transl Psychiatry，2019，9（1）：328.

［100］ Domes G，Sibold M，Schulze L，et al. Intranasal oxytocin increases covert attention to positive social cues［J］. Psychol Med，2013，43（8）：1747–1753.

［101］ Dunham Y. An angry= outgroup effect［J］. Journal of Experimental Social Psychology，2011，47（3）：668–671.

［102］ Dzik M V，Cavalli C M，Barrera G，et al. Oxytocin effects on gazing at the human face in retriever dogs［J］. Behavioural Processes，2020，178：104160.

［103］ Ebner N C，Horta M，Lin T，et al. Oxytocin modulates meta-mood as a function of age and sex［J］. Frontiers in aging neuroscience，2015，7：175.

［104］Eckstein M，Bamert V，Stephens S，et al. Oxytocin increases eye-gaze towards novel social and non-social stimuli［J］. Soc Neurosci，2019，14（5）：594–607.

［105］Eckstein M，Becker B，Scheele D，et al. Oxytocin facilitates the extinction of conditioned fear in humans［J］. Biol Psychiatry，2015，78（3）：194–202.

［106］Eckstein M，Scheele D，Weber K，et al. Oxytocin facilitates the sensation of social stress［J］. Hum Brain Mapp，2014，35（9）：4741–4750.

［107］Eickhoff S B，Paus T，Caspers S，et al. Assignment of functional activations to probabilistic cytoarchitectonic areas revisited［J］. NeuroImage，2007，36（3）：511–521.

［108］Eickhoff S B，Stephan K E，Mohlberg H，et al. A new SPM toolbox for combining probabilistic cytoarchitectonic maps and functional imaging data［J］. NeuroImage，2005，25（4）：1325–1335.

［109］Ellenbogen M A，Linnen A M，Cardoso C，et al. Intranasal oxytocin impedes the ability to ignore task-irrelevant facial expressions of sadness in students with depressive symptoms［J］. Psychoneuroendocrinology，2013，38（3）：387–398.

［110］Ellingsen D M，Wessberg J，Chelnokova O，et al. In touch with your emotions：oxytocin and touch change social impressions while others' facial expressions can alter touch［J］. Psychoneuroendocrinology，2014，39：11–20.

［111］Engelmann M，Landgraf R，Wotjak C T. The hypothalamic-neurohypophysial system regulates the hypothalamic-pituitary-adrenal axis under stress: an old concept revisited [J]. Frontiers in neuroendocrinology, 2004, 25 (3–4): 132–149.

[112] Evans J S B T. Dual–Processing accounts of reasoning, judgment, and social cognition [J]. Annual review of psychology, 2007, 59 (1): 255–278.

[113] Evans S, Shergill S S, Averbeck B B. Oxytocin decreases aversion to angry faces in an associative learning task [J]. Neuropsychopharmacology, 2010, 35 (13): 2502–2509.

[114] Feifel D, Macdonald K, Nguyen A, et al. Adjunctive intranasal oxytocin reduces symptoms in schizophrenia patients [J]. Biol Psychiatry, 2010, 68 (7): 678–680.

[115] Feldman R. Oxytocin and social affiliation in humans [J]. Horm Behav, 2012, 61 (3): 380–391.

[116] Feng C, Hackett P D, DeMarco A C, et al. Oxytocin and vasopressin effects on the neural response to social cooperation are modulated by sex in humans [J]. Brain Imaging Behav, 2015, 9 (4): 754–764.

[117] Ferguson J N, Aldag J M, Insel T R, et al. Oxytocin in the medial amygdala is essential for social recognition in the mouse [J]. Journal of Neuroscience, 2001, 21 (20): 8278–8285.

[118] Ferguson J N, Young L J, Insel T R. The neuroendocrine basis of social recognition [J]. Frontiers in neuroendocrinology, 2002, 23 (2): 200–224.

[119] Ferri S L, Flanagan–Cato L M. Oxytocin and dendrite remodeling in the hypothalamus [J]. Horm Behav, 2012, 61 (3): 251–258.

[120] Fischer–Shofty M, Levkovitz Y, Shamay–Tsoory S G. Oxytocin facilitates

accurate perception of competition in men and kinship in women [J] .
Soc Cogn Affect Neurosci, 2013, 8 (3) : 313–317.

[121] Fischer–Shofty M, Shamay–Tsoory S, Harari H, et al. The effect
of intranasal administration of oxytocin on fear recognition [J] .
Neuropsychologia, 2010, 48 (1) : 179–184.

[122] Fiske A P, Kitayama S, Markus H R, et al. The cultural matrix of
social psychology [J] . McGrawHill, 1998.

[123] Fiske S T, Xu J, Cuddy A C, et al. (Dis) respecting versus (dis)
liking: Status and interdependence predict ambivalent stereotypes of
competence and warmth [J] . Journal of social issues, 1999, 55 (3) :
473–489.

[124] Flanagan J C, Baker N L, McRae–Clark A L, et al. Effects of adverse
childhood experiences on the association between intranasal oxytocin and
social stress reactivity among individuals with cocaine dependence [J] .
Psychiatry research, 2015, 229 (1–2) : 94–100.

[125] Fonagy P, Luyten P. A developmental, mentalization–based approach
to the understanding and treatment of borderline personality disorder [J] .
Development and psychopathology, 2009, 21 (4) : 1355–1381.

[126] Freeman H, Scholl J L, AnisAbdellatif M, et al. I only have eyes for
you: Oxytocin administration supports romantic attachment formation
through diminished interest in close others and strangers [J] .
Psychoneuroendocrinology, 2021, 134: 105415.

[127] Frijling J L, Van Zuiden M, Koch S B, et al. Effects of intranasal
oxytocin on amygdala reactivity to emotional faces in recently trauma–
exposed individuals [J] . Soc Cogn Affect Neurosci, 2016a, 11 (2) :

327–336.

［128］Frijling J L, Van Zuiden M, Koch S B, et al. Intranasal oxytocin affects amygdala functional connectivity after trauma script–driven imagery in distressed recently trauma–exposed individuals［J］. Neuropsychopharmacology, 2016b, 41（5）: 1286–1296.

［129］Friston K J, Holmes A P, Worsley K J, et al. Statistical parametric maps in functional imaging: a general linear approach［J］. Human brain mapping, 1994, 2（4）: 189–210.

［130］Gaertner L, Iuzzini J, Witt M G, et al. Us without them: Evidence for an intragroup origin of positive in–group regard［J］. Journal of Personality and Social Psychology, 2006, 90（3）: 426.

［131］Gaesser B, Shimura Y, Cikara M. Episodic simulation reduces intergroup bias in prosocial intentions and behavior［J］. J Pers Soc Psychol, 2020, 118（4）: 683–705.

［132］Galbally M, Lewis A J, Ijzendoorn M, et al. The role of oxytocin in mother–infant relations: a systematic review of human studies［J］. Harv Rev Psychiatry, 2011, 19（1）: 1–14.

［133］Gamer M, Zurowski B, Büchel C. Different amygdala subregions mediate valence–related and attentional effects of oxytocin in humans ［J］. Proceedings of the National Academy of Sciences, 2010, 107（20）: 9400–9405.

［134］Gangestad S W, Grebe N M. Hormonal systems, human social bonding, and affiliation［J］. Hormones and Behavior, 2016, 91.

［135］Gao S, Becker B, Luo L, et al. Oxytocin, the peptide that bonds the sexes also divides them［J］. Proceedings of the National Academy of

Sciences, 2016, 113 (27): 7650-7654.

[136] Gao Z, Ma X, Zhou X, et al. Oxytocin reduces the attractiveness of silver-tongued men for women during mid-cycle [J]. Front Neurosci, 2022, 16: 760695.

[137] Garver-Apgar C E, Gangestad S W, Thornhill R. Hormonal correlates of women's mid-cycle preference for the scent of symmetry [J]. Evolution and Human Behavior, 2008, 29 (4): 223-232.

[138] Geng Y, Zhao W, Zhou F, et al. Oxytocin facilitates empathic-and self-embarrassment ratings by attenuating amygdala and anterior insula responses [J]. Front Endocrinol (Lausanne), 2018, 9: 572.

[139] Geng Y, Zhao W, Zhou F, et al. Oxytocin enhancement of emotional empathy: Generalization across cultures and effects on amygdala activity [J]. Frontiers in neuroscience, 2018, 12.

[140] Gerard H B, Hoyt M F. Distinctiveness of social categorization and attitude toward ingroup members [J]. Journal of Personality and Social Psychology, 1974, 29 (6): 836.

[141] Gimpl G, Fahrenholz F. The oxytocin receptor system: Structure, function, and regulation [J]. Physiological reviews, 2001, 81 (2): 629-683.

[142] Gordon I, Jack A, Pretzsch C M, et al. Intranasal oxytocin enhances connectivity in the neural circuitry supporting social motivation and social perception in children with autism [J]. Sci Rep, 2016, 6: 35054.

[143] Grace S A, Rossell S L, Heinrichs M, et al. Oxytocin and brain activity in humans: A systematic review and coordinate-based meta-analysis of functional MRI studies [J]. Psychoneuroendocrinology, 2018, 96.

［144］Greene R K, Spanos M, Alderman C, et al. The effects of intranasal oxytocin on reward circuitry responses in children with autism spectrum disorder ［J］. J Neurodev Disord, 2018, 10（1）: 12.

［145］Grewen K M, Girdler S S, Amico J, et al. Effects of partner support on resting oxytocin, cortisol, norepinephrine, and blood pressure before and after warm partner contact ［J］. Psychosomatic medicine, 2005, 67（4）: 531-538.

［146］Grillon C, Krimsky M, Charney D, et al. Oxytocin increases anxiety to unpredictable threat ［J］. Molecular psychiatry, 2013, 18（9）: 958.

［147］Grinevich V, Neumann I D. Brain oxytocin: how puzzle stones from animal studies translate into psychiatry ［J］. Molecular psychiatry, 2021, 26（1）: 265-279.

［148］Groppe S E, Gossen A, Rademacher L, et al. Oxytocin influences processing of socially relevant cues in the ventral tegmental area of the human brain ［J］. Biol Psychiatry, 2013, 74（3）: 172-179.

［149］Guastella A J, Hickie I B, McGuinness M M, et al. Recommendations for the standardisation of oxytocin nasal administration and guidelines for its reporting in human research ［J］. Psychoneuroendocrinology, 2013, 38（5）: 612-625.

［150］Guastella A J, Mitchell P B, Dadds M R. Oxytocin increases gaze to the eye region of human faces ［J］. Biol Psychiatry, 2008, 63（1）: 3-5.

［151］Guastella A J, Mitchell P B, Mathews F. Oxytocin enhances the encoding of positive social memories in humans［J］. Biol Psychiatry, 2008, 64（3）:

256–258.

[152] Güroğlu B, Haselager G J, van Lieshout C F, et al. Why are friends special?Implementing a social interaction simulation task to probe the neural correlates of friendship [J]. NeuroImage, 2008, 39 (2): 903–910.

[153] Haas B W, Anderson I W, Smith J M. Navigating the complex path between the oxytocin receptor gene (OXTR) and cooperation: an endophenotype approach [J]. Front Hum Neurosci, 2013, 7: 801.

[154] Hale L H, Tickerhoof M C, Smith A S. Chronic intranasal oxytocin reverses stress–induced social avoidance in female prairie voles [J]. Neuropharmacology, 2021, 198: 108770.

[155] Hamann S, Mao H. Positive and negative emotional verbal stimuli elicit activity in the left amygdala [J]. Neuroreport, 2002, 13 (1): 15–19.

[156] Harari–Dahan O, Bernstein A. A general approach–avoidance hypothesis of oxytocin: Accounting for social and non–social effects of oxytocin [J]. Neurosci Biobehav Rev, 2014, 47: 506–519.

[157] Harari–Dahan O, Bernstein A. Oxytocin attenuates social and non–social avoidance: Re–thinking the social specificity of Oxytocin [J]. Psychoneuroendocrinology, 2017, 81: 105–112.

[158] Harris L T, Fiske S T. Dehumanizing the lowest of the low: Neuroimaging responses to extreme out–groups [J]. Psychological science, 2006, 17 (10): 847–853.

[159] Hassin R R, Ferguson M J, Shidlovski D, et al. Subliminal exposure to national flags affects political thought and behavior [J]. Proc Natl

Acad Sci U S A, 2007, 104（50）: 19757–19761.

［160］Hecht E E, Robins D L, Gautam , et al. Intranasal oxytocin reduces social perception in women: Neural activation and individual variation ［J］. NeuroImage, 2017, 147: 314–329.

［161］Heinrichs M, Baumgartner T, Kirschbaum C, et al. Social support and oxytocin interact to suppress cortisol and subjective responses to psychosocial stress ［J］. Biol Psychiatry, 2003, 54（12）: 1389–1398.

［162］Heinrichs M, Gaab J. Neuroendocrine mechanisms of stress and social interaction: Implications for mental disorders ［J］. Current Opinion in Psychiatry, 2007, 20（2）: 158–162.

［163］Henningsson S, Leknes S, Asperholm M, et al. A randomized placebo-controlled intranasal oxytocin study on first impressions and reactions to social rejection ［J］. Biol Psychol, 2021, 164: 108164.

［164］Herpertz S C, Bertsch K. A new perspective on the pathophysiology of borderline personality disorder: A model of the role of oxytocin ［J］.Am J Psychiatry, 2015, 172（9）: 840–851.

［165］Hewstone M, Rubin M, Willis H. Intergroup bias ［J］. Annual review of psychology, 2002, 53（1）: 575–604.

［166］Hiel A V, Mervielde I. Authoritarianism and social dominance orientation: Relationships with various forms of racism ［J］. Journal of Applied Social Psychology, 2005, 35（11）: 2323–2344.

［167］Hirosawa T, Kikuchi M, Higashida H, et al. Oxytocin attenuates feelings of hostility depending on emotional context and individuals' characteristics ［J］. Sci Rep, 2012, 2: 384.

［168］Hofmann W, Gawronski B, Gschwendner T, et al. A meta-analysis on the correlation between the Implicit Association Test and explicit self-report measures ［J］. Personality and Social Psychology Bulletin, 2005, 31 (10) : 1369-1385.

［169］Hoge E A, Anderson E, Lawson E A, et al. Gender moderates the effect of oxytocin on social judgments ［J］. Human Psychopharmacology: Clinical and Experimental, 2014, 29 (3) : 299-304.

［170］Hoge E A, Pollack M H, Kaufman R E, et al. Oxytocin levels in social anxiety disorder ［J］. CNS Neurosci Ther, 2008, 14 (3) : 165-170.

［171］Hou Y, Zhao L, Zhang G, et al. Effects of oxytocin on the fear memory reconsolidation ［J］. Neuroscience Letters, 2015, 594: 1-5.

［172］Hu J, Qi S, Becker B, et al. Oxytocin selectively facilitates learning with social feedback and increases activity and functional connectivity in emotional memory and reward processing regions ［J］. Hum Brain Mapp, 2015, 36 (6) : 2132-2146.

［173］Huang Y, Kendrick K M, Zheng H, et al. Oxytocin enhances implicit social conformity to both in-group and out-group opinions ［J］. Psychoneuroendocrinology, 2015, 60: 114-119.

［174］Hubble K, Daughters K, Manstead A S R, et al. Oxytocin increases attention to the eyes and selectively enhances self-reported affective empathy for fear ［J］. Neuropsychologia, 2017, 106: 350-357.

［175］Huddy L. Contrasting theoretical approaches to intergroup relations ［J］. Political Psychology, 2004, 25 (6) : 947-967.

［176］Huetter F K, Bachmann H S, Reinders A, et al. Association of a common oxytocin receptor gene polymorphism with self-reported 'empathic concern' in a large population of healthy volunteers [J]. PLoS One, 2016, 11（7）: e0160059.

[177] Human L J, Woolley J D, Mendes W B. Effects of oxytocin administration on receiving help [J]. Emotion, 2018, 18（7）: 980-988.

[178] Hurlemann R, Patin A, Onur O A, et al. Oxytocin enhances amygdala-dependent, socially reinforced learning and emotional empathy in humans [J]. The Journal of Neuroscience, 2010, 30（14）: 4999-5007.

[179] Hutchings R J, Simpson A J, Sherman J W, et al. Perspective taking reduces intergroup bias in visual representations of faces [J]. Cognition, 2021, 214: 104808.

[180] Ide J S, Nedic S, Wong K F, et al. Oxytocin attenuates trust as a subset of more general reinforcement learning, with altered reward circuit functional connectivity in males [J]. NeuroImage, 2018, 174: 35-43.

[181] Insel T R, Young L J. The neurobiology of attachment [J]. Nature Reviews Neuroscience, 2001, 2（2）: 129.

[182] Insko C A, Schopler J, Hoyle R H, et al. Individual-group discontinuity as a function of fear and greed [J]. Journal of Personality and Social Psychology, 1990, 58（1）: 68-79.

[183] Insko C A, Schopler J, Sedikides C. Differential distrust of groups and individuals [M]. Intergroup cognition and intergroup behavior, 1998: 75-107.

［184］Israel S, Weisel O, Ebstein R P, et al. Oxytocin, but not vasopressin, increases both parochial and universal altruism ［J］. Psychoneuroendocrinology, 2012, 37（8）: 1341-1344.

［185］Jack A, Connelly J J, Morris J P. DNA methylation of the oxytocin receptor gene predicts neural response to ambiguous social stimuli ［J］. Front Hum Neurosci, 2012, 6: 280.

［186］Jakobs E. , Manstead A. S. , Fischer A. H. （2001. Social context effects on facial activity in a negative emotional setting ［J］. Emotion, 1（1）: 51-69.

［187］Jia R, Tai F D, An S C, et al. Effects of neonatal oxytocin treatment on aggression and neural activities in mandarin voles ［J］. Physiology & behavior, 2008, 95（1）: 56-62.

［188］Jiménez N H, San Martín S. The role of country-of-origin, ethnocentrism and animosity in promoting consumer trust. The moderating role of familiarity ［J］. International Business Review, 2010, 19（1）: 34-45.

［189］Johnson Z V, Young L J. Oxytocin and vasopressin neural networks: Implications for social behavioral diversity and translational neuroscience ［J］. Neuroscience & Biobehavioral Reviews, 2017, 76: 87-98.

［190］Kanat M, Heinrichs M, Domes G. Oxytocin and the social brain: Neural mechanisms and perspectives in human research ［J］. Brain Res, 2014, 1580: 160-171.

［191］Kanat M, Heinrichs M, Schwarzwald R, et al. Oxytocin attenuates neural reactivity to masked threat cues from the eyes ［J］. Neuropsychopharmacology, 2015, 40（2）: 287-295.

［192］Kapetaniou G E, Reinhard M A, Christian P, et al. The role of oxytocin in delay of gratification and flexibility in non-social decision making［J］. Elife, 2021, 10: e61844.

［193］Kay A C, Jost J T, Mandisodza A N, et al. Panglossian ideology in the service of system justification: How complementary stereotypes help us to rationalize inequality［J］. Advances in experimental social psychology, 2007, 39: 305-358.

［194］Kemp A H, Guastella A J. The role of oxytocin in human affect［J］. Current Directions in Psychological Science, 2011, 20（4）: 222-231.

［195］Kendrick K. Oxytocin, motherhood and bonding［J］. Experimental physiology, 2000, 85（s1）.

［196］Kendrick K, Keverne E, Hinton M, et al. Cerebrospinal fluid and plasma concentrations of oxytocin and vasopressin during parturition and vaginocervical stimulation in the sheep［J］. Brain research bulletin, 1991, 26（5）: 803-807.

［197］Kendrick K M, Keverne E B, Baldwin B A. Intracerebroventricular oxytocin stimulates maternal behaviour in the sheep［J］. Neuroendocrinology, 1987, 46（1）: 56-61.

［198］Kéri S, Benedek G. Oxytocin enhances the perception of biological motion in humans［J］. Cognitive, Affective, Behavioral Neuroscience, 2009, 9（3）: 237-241.

［199］Kim E Y, Sul S, Lee M W, et al. Effects of oxytocin on social comparisons in intergroup situations［J］. Brain Sci, 2021, 11（9）.

［200］Kingery J N, Erdley C A. Peer experience as predictors of adjustment

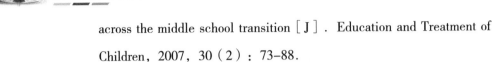
across the middle school transition [J] . Education and Treatment of Children, 2007, 30（2）: 73–88.

[201] Kingery J N, Erdley C A, Marshall K, C. Peer acceptance and friendship as predictors of early adolescents' adjustment across the middle school transition [J] . Merrill–Palmer Quarterly, 2011, 57（3）: 215–243.

[202] Kirsch P, Esslinger C, Chen Q, et al. Oxytocin modulates neural circuitry for social cognition and fear in humans [J] . J Neurosci, 2005, 25（49）: 11489–11493.

[203] Kirschbaum C, Klauer T, Filipp S –H, et al. Sex–specific effects of social support on cortisol and subjective responses to acute psychological stress [J] . Psychosomatic medicine, 1995, 57（1）: 23–31.

[204] Koch S B, Van Zuiden M, Nawijn L, et al. Intranasal oxytocin normalizes amygdala functional connectivity in posttraumatic stress disorder [J] . Neuropsychopharmacology, 2016, 41（8）: 2041.

[205] Kosfeld M, Heinrichs M, Zak P, J, et al. Oxytocin increases trust in humans [J] . Nature, 2005, 435（7042）: 673–676.

[206] Kreuder A –K, Scheele D, Wassermann L, et al. How the brain codes intimacy: The neurobiological substrates of romantic touch [J] . Human brain mapping, 2017, 38（9）: 4525–4534.

[207] Kreuder A K, Wassermann L, Wollseifer M, et al. Oxytocin enhances the pain–relieving effects of social support in romantic couples [J] . Hum Brain Mapp, 2019, 40（1）: 242–251.

[208] Kreuder A K, Wassermann L, Wollseifer M, et al. Oxytocin enhances the pain - relieving effects of social support in romantic couples [J] .

Human brain mapping, 2018.

[209] Krueger F, Parasuraman R, Moody L, et al. Oxytocin selectively increases perceptions of harm for victims but not the desire to punish offenders of criminal offenses [J]. Soc Cogn Affect Neurosci, 2013, 8（5）: 494-498.

[210] Kruppa J A, Gossen A, Oberwelland Weiß E, et al. Neural modulation of social reinforcement learning by intranasal oxytocin in male adults with high-functioning autism spectrum disorder: a randomized trial [J]. Neuropsychopharmacology, 2019, 44（4）: 749-756.

[211] Kubzansky L D, Mendes W B, Appleton A A, et al. A heartfelt response: oxytocin effects on response to social stress in men and women [J]. Biol Psycho, 2012l, 90（1）: 1-9.

[212] Kumsta R, Heinrichs M. Oxytocin, stress and social behavior: neurogenetics of the human oxytocin system [J]. Current opinion in neurobiology, 2013, 23（1）: 11-16.

[213] La Greca A M, Harrison H M. Adolescent peer relations, friendships, and romantic relationships: Do they predict social anxiety and depression? [J]. Journal of clinical child and adolescent psychology, 2005, 34（1）: 49-61.

[214] Labuschagne I, Phan K L, Wood A, et al. Oxytocin attenuates amygdala reactivity to fear in generalized social anxiety disorder [J]. Neuropsychopharmacology, 2010, 35（12）: 2403-2413.

[215] Lane A, Luminet O, Rime B, et al. Oxytocin increases willingness to socially share one's emotions [J]. Int J Psychol, 2013, 48（4）: 676-681.

［216］Lang P J. International affective picture system（IAPS）：Affective ratings of pictures and instruction manual［J］. Technical report, 2005.

［217］Le J, Kou J, Zhao W, et al. Oxytocin facilitation of emotional empathy is associated with increased eye gaze toward the faces of individuals in emotional contexts［J］. Frontiers in Neuroscience , 2020, 14: 803.

［218］Le J, Zhao W, Kou J, et al. Oxytocin facilitates socially directed attention［J］. Psychophysiology, 2021, 58（9）: e13852.

［219］Leknes S, Wessberg J, Ellingsen D M, et al. Oxytocin enhances pupil dilation and sensitivity to 'hidden' emotional expressions［J］. Soc Cogn Affect Neurosci, 2013, 8（7）: 741–749.

［220］Lemche E, Giampietro V P, Surguladze S A, et al. Human attachment security is mediated by the amygdala: Evidence from combined fMRI and psychophysiological measures［J］. Human brain mapping, 2006, 27（8）: 623–635.

［221］Leppanen J, Ng K W, Kim Y –R, et al. Meta-analytic review of the effects of a single dose of intranasal oxytocin on threat processing in humans［J］. Journal of Affective Disorders, 2018, 225: 167–179.

［222］Levin S, Sidanius J. Social dominance and social identity in the United States and Israel: Ingroup favoritism or outgroup derogation?［J］. Political Psychology, 1999, 20（1）: 99–126.

［223］Li S, Ma S, Wang D, et al. Oxytocin and the punitive hub—dynamic spread of cooperation in human social networks［J］. The Journal of Neuroscience, 2022, 42（30）: 5930.

［224］Li T, Chen X, Mascaro J, et al. Intranasal oxytocin, but not vasopressin, augments neural responses to toddlers in human fathers [J]. Horm Behav, 2017, 93: 193–202.

[225] Liao Z, Huang L, Luo S. Intranasal oxytocin decreases self–oriented learning [J]. Psychopharmacology (Berl), 2021, 238 (2): 461–474.

[226] Lieberz J, Scheele D, Spengler F B, et al. Kinetics of oxytocin effects on amygdala and striatal reactivity vary between women and men [J]. Neuropsychopharmacology, 2020, 45 (7): 1134–1140.

[227] Light K C, Grewen K M, Amico J A, et al. Oxytocinergic activity is linked to lower blood pressure and vascular resistance during stress in postmenopausal women on estrogen replacement [J]. Horm Behav, 2005, 47 (5): 540–548.

[228] Lim M M, Young L J. Neuropeptidergic regulation of affiliative behavior and social bonding in animals [J]. Horm Behav, 2006, 50 (4): 506–517.

[229] Lin P –Y, Grewal N S, Morin C, et al. Oxytocin increases the influence of public service advertisements [J]. PLoS One, 2013, 8(2): e56934.

[230] Lischke A, Gamer M, Berger C, et al. Oxytocin increases amygdala reactivity to threatening scenes in females [J]. Psychoneuroendocrinology, 2012, 37 (9): 1431–1438.

[231] Liu Y, Li S, Lin W, et al. Oxytocin modulates social value representations in the amygdala [J]. Nature neuroscience, 2019, 22 (4): 633–641.

[232] Liu Y, Wang D, Li H. Oxytocin modulates neural individuation/

categorization processing of faces in early face–selective areas [J] . Cerebral Cortex, 2022, 32 (6): 1159–1169.

[233] Lukas M, Toth I, Reber S O, et al. The neuropeptide oxytocin facilitates pro–social behavior and prevents social avoidance in rats and mice [J] . Neuropsychopharmacology, 2011, 36 (11): 2159–2168.

[234] Luminet O, Grynberg D, Ruzette N, et al. Personality–dependent effects of oxytocin: Greater social benefits for high alexithymia scorers [J] . Biol Psychol, 2011, 87 (3): 401–406.

[235] Luo L, Becker B, Geng Y, et al. Sex–dependent neural effect of oxytocin during subliminal processing of negative emotion faces [J] . NeuroImage, 2017, 162: 127–137.

[236] Ma X, Luo L, Geng Y, et al. Oxytocin increases liking for a country's people and national flag but not for other cultural symbols or consumer products [J] . Frontiers in Behavioral Neuroscience, 2014a, 8.

[237] Ma X, Luo L, Geng Y, et al. Oxytocin increases liking for a country's people and national flag but not for other cultural symbols or consumer products [J] . Frontiers in Behavioral Neuroscience, 2014b.

[238] Ma X, Zhao W, Luo R, et al. Sex–and context–dependent effects of oxytocin on social sharing [J] . NeuroImage, 2018, 183: 62–72.

[239] Ma Y, Ran G, Hu N, et al. Intranasal oxytocin attenuates insula activity in response to dynamic angry faces [J] . Biol Psychol, 2020, 157: 107976.

[240] Ma Y, Shamay–Tsoory S, Han S, et al. Oxytocin and social adaptation: Insights from neuroimaging studies of healthy and clinical populations

〔J〕.Trends Cogn Sci, 2016, 20（2）: 133–145.

〔241〕MacDonald K, Feifel D. Oxytocin's role in anxiety: A critical appraisal 〔J〕. Brain Res, 2014, 1580: 22–56.

〔242〕Macdonald K S. Sex, receptors, and attachment: A review of individual factors influencing response to oxytocin〔J〕. Front Neurosci, 2012, 6: 194.

〔243〕Mackie D M, Smith E R. Intergroup relations: Insights from a theoretically integrative approach〔J〕. Psychological review, 1998, 105（3）: 499.

〔244〕Madden J R, Clutton–Brock T H. Experimental peripheral administration of oxytocin elevates a suite of cooperative behaviours in a wild social mammal〔J〕. Proc Biol Sci, 2011, 278（1709）: 1189–1194.

〔245〕Manning R P, Dickson J M, Palmier–Claus J, et al. A systematic review of adult attachment and social anxiety〔J〕. J Affect Disord, 2017, 211: 44–59.

〔246〕Marazziti D, Dell'Osso B, Baroni S, et al. A relationship between oxytocin and anxiety of romantic attachment〔J〕. Clinical Practice and Epidemiology in Mental Health, 2006, 2（1）: 28.

〔247〕Maresh E L, Beckes L, Coan J A. The social regulation of threat–related attentional disengagement in highly anxious individuals〔J〕. Front Hum Neurosci, 2013, 7: 515.

〔248〕Marsh A A, Henry H Y, Pine D S, et al. Oxytocin improves specific recognition of positive facial expressions〔J〕. Psychopharmacology, 2010, 209（3）: 225–232.

〔249〕Martins D, Lockwood P, Cutler J, et al. Oxytocin modulates neurocomputational mechanisms underlying prosocial reinforcement learning [J]. Progress in Neurobiology, 2022, 213: 102253.

[250] Mccarthy M M, Mcdonald C H, Brooks P J, et al. An anxiolytic action of oxytocin is enhanced by estrogen in the mouse [J]. Physiology & behavior, 1996, 60 (5): 1209-1215.

[251] McClung J S, Triki Z, Clément F, et al. Endogenous oxytocin predicts helping and conversation as a function of group membership [J]. Proceedings of the Royal Society B: Biological Sciences, 2018, 285 (1882): 20180939.

[252] McLaren D G, Ries M L, Xu G, et al. A generalized form of context-dependent psychophysiological interactions (gPPI): a comparison to standard approaches [J]. NeuroImage, 2012, 61 (4): 1277-1286.

[253] Meinlschmidt G, Heim C. Sensitivity to intranasal oxytocin in adult men with early parental separation [J]. Biol Psychiatry, 2007, 61 (9): 1109-1111.

[254] Mendelson M J, Aboud F E. Measuring friendship quality in late adolescents and young adults: McGill Friendship Questionnaires [J]. Canadian Journal of Behavioural Science/Revue canadienne des sciences du comportement, 1999, 31 (2): 130.

[255] Meyer-Lindenberg A, Domes G, Kirsch P, et al. Oxytocin and vasopressin in the human brain: social neuropeptides for translational medicine [J]. Nat Rev Neurosci, 2011, 12 (9): 524-538.

[256] Mikolajczak M, Gross J J, Lane A, et al. Oxytocin makes people trusting, not gullible [J]. Psychol Sci, 2010, 21 (8): 1072-

1074.

［257］Mikulincer M, Gillath O, Shaver P R. Activation of the attachment system in adulthood: threat-related primes increase the accessibility of mental representations of attachment figures ［J］. Journal of Personality and Social Psychology, 2002, 83（4）: 881.

［258］Mitchell J M, Arcuni P A, Weinstein D, et al. Intranasal oxytocin selectively modulates social perception, craving, and approach behavior in subjects with alcohol use disorder ［J］. Journal of Addiction Medicine, 2016, 10（3）: 182-189.

［259］Mohiyeddini C, Opacka-Juffry J, Gross J J. Emotional suppression explains the link between early life stress and plasma oxytocin ［J］. Anxiety Stress Coping, 2014, 27（4）: 466-475.

［260］Molenberghs P. The neuroscience of in-group bias ［J］. Neurosci Biobehav Rev, 2013, 37（8）: 1530-1536.

［261］Molenberghs P, Morrison S. The role of the medial prefrontal cortex in social categorization ［J］. Soc Cogn Affect Neurosci, 2012, 9（3）: 292-296.

［262］Montag C, Sauer C, Reuter M, et al. An interaction between oxytocin and a genetic variation of the oxytocin receptor modulates amygdala activity toward direct gaze: evidence from a pharmacological imaging genetics study ［J］. European archives of psychiatry and clinical neuroscience, 2013, 263（2）: 169-175.

［263］Morrison S, Decety J, Molenberghs P. The neuroscience of group membership ［J］. Neuropsychologia, 2012, 50（8）: 2114-2120.

［264］Mounts N S, Valentiner D P, Anderson K L, et al. Shyness,

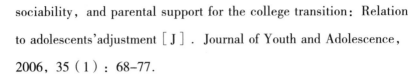

sociability, and parental support for the college transition: Relation to adolescents'adjustment [J]. Journal of Youth and Adolescence, 2006, 35 (1): 68–77.

[265] Muehlhan M, Lueken U, Siegert J, et al. Enhanced sympathetic arousal in response to FMRI scanning correlates with task induced activations and deactivations [J]. PLoS One, 2013, 8 (8): e72576.

[266] Mullen B, Brown R, Smith C. Ingroup bias as a function of salience, relevance, and status: An integration [J]. European Journal of Social Psychology, 1992, 22 (2): 103–122.

[267] Müller–Pinzler L, Rademacher L, Paulus F M, et al. When your friends make you cringe: Social closeness modulates vicarious embarrassment–related neural activity [J]. Soc Cogn Affect Neurosci, 2015, 11 (3): 466–475.

[268] Mustoe A C, Cavanaugh J, Harnisch A M, et al. Do marmosets care to share? Oxytocin treatment reduces prosocial behavior toward strangers [J]. Horm Behav, 2015, 71: 83–90.

[269] Myers A J, Williams L, Gatt J M, et al. Variation in the oxytocin receptor gene is associated with increased risk for anxiety, stress and depression in individuals with a history of exposure to early life stress [J]. Journal of Psychiatric Research, 2014, 59: 93–100.

[270] Nawa N E, Nelson E E, Pine D S, et al. Do you make a difference? Social context in a betting task [J]. Soc Cogn Affect Neurosci, 2008, 3 (4): 367–376.

[271] Ne'eman R, Perach–Barzilay N, Fischer–Shofty M, et al. Intranasal

administration of oxytocin increases human aggressive behavior [J]. Horm Behav, 2016, 80: 125–131.

[272] Nelson E E, Panksepp J. Brain substrates of infant–mother attachment: Contributions of opioids, oxytocin, and norepinephrine [J]. Neuroscience & Biobehavioral Reviews, 1998, 22 (3): 437–452.

[273] Neumann I D. Involvement of the brain oxytocin system in stress coping: Interactions with the hypothalamo–pituitary–adrenal axis [J]. In Progress in brain research: Elsevier, 2002, 139:147–162.

[274] Neumann I D, Maloumby R, Beiderbeck D I, et al. Increased brain and plasma oxytocin after nasal and peripheral administration in rats and mice [J]. Psychoneuroendocrinology, 2013, 38 (10): 1985–1993.

[275] Neumann I D, Slattery D A. Oxytocin in general anxiety and social fear: A translational approach [J]. Biol Psychiatry, 2016, 79 (3): 213–221.

[276] Niedenthal P M, Brauer M, Robin L, et al. Adult attachment and the perception of facial expression of emotion [J]. Journal of Personality and Social Psychology, 2002, 82 (3): 419.

[277] Norman G J, Cacioppo J T, Morris J S, et al. Selective influences of oxytocin on the evaluative processing of social stimuli [J]. Journal of Psychopharmacology, 2011, 25 (10): 1313–1319.

[278] Norman L, Lawrence N, Iles A, et al. Attachment–security priming attenuates amygdala activation to social and linguistic threat [J]. Soc Cogn Affect Neurosci, 2015, 10 (6): 832–839.

[279] Northoff G, Heinzel A, De Greck M, et al. Self–referential processing

in our brain—a meta-analysis of imaging studies on the self [J] . NeuroImage, 2006, 31（1）: 440-457.

[280] Norton M I, Vandello J A, Darley J M. Casuistry and social category bias [J] . Journal of Personality and Social Psychology, 2004, 87（6）: 817.

[281] Oishi C, Yoshida F. Black sheep effect and ingroup favoritism in social identity perspective [J] . Shinrigaku kenkyu: The Japanese journal of psychology, 2002, 73（5）: 405-411.

[282] Olff M, Frijling J L, Kubzansky L D, et al. The role of oxytocin in social bonding, stress regulation and mental health: An update on the moderating effects of context and interindividual differences [J] . Psychoneuroendocrinology, 2013, 38（9）: 1883-1894.

[283] Olff M, Frijling J L, Kubzansky L D, et al. The role of oxytocin in social bonding, stress regulation and mental health: An update on the moderating effects of context and interindividual differences [J] . Psychoneuroendocrinology, 2013, 38（9）: 1883-1894.

[284] Palgi S, Klein E, Shamay-Tsoory S G. Intranasal administration of oxytocin increases compassion toward women [J] . Soc Cogn Affect Neurosci, 2014, 10（3）: 311-317.

[285] Parr L A, Mitchell T, Hecht E. Intranasal oxytocin in rhesus monkeys alters brain networks that detect social salience and reward [J] . Am J Primatol, 2018, 80（10）: e22915.

[286] Pedersen C A, Gibson C M, Rau S W, et al. Intranasal oxytocin reduces psychotic symptoms and improves Theory of Mind and social perception in schizophrenia [J] . Schizophr Res, 2011, 132（1）:

50–53.

[287] Pedersen C A, Prange A J. Induction of maternal behavior in virgin rats after intracerebroventricular administration of oxytocin [J] . Proceedings of the National Academy of Sciences, 1979, 76 (12) : 6661–6665.

[288] Peled–Avron L, Abu–Akel A, Shamay–Tsoory S. Exogenous effects of oxytocin in five psychiatric disorders: a systematic review, meta-analyses and a personalized approach through the lens of the social salience hypothesis [J] . Neurosci Biobehav Rev, 2020, 114: 70–95.

[289] Peltola M J, Strathearn L, Puura K. Oxytocin promotes face–sensitive neural responses to infant and adult faces in mothers [J] . Psychoneuroendocrinology, 2018, 91: 261–270.

[290] Petereit P, Rinn C, Stemmler G, et al. Oxytocin reduces the link between neural and affective responses after social exclusion [J] . Biol Psychol, 2019, 145: 224–235.

[291] Petrovic P, Kalisch R, Singer T, et al. Oxytocin attenuates affective evaluations of conditioned faces and amygdala activity [J] . The Journal of Neuroscience, 2008, 28 (26) : 6607.

[292] Petrovic P, Kalisch R, Singer T, et al. Oxytocin attenuates affective evaluations of conditioned faces and amygdala activity [J] . J Neurosci, 2008, 28 (26) : 6607–6615.

[293] Pfundmair M, Rimpel A, Duffy K, et al. Oxytocin blurs the self–other distinction implicitly but not explicitly [J] . Horm Behav, 2018, 98: 115–120.

［294］Pfundmair M, Zwarg C, Paulus M, et al. Oxytocin promotes attention to social cues regardless of group membership ［J］. Horm Behav, 2017, 90: 136–140.

［295］Phan K L, Taylor S F, Welsh R C, et al. Neural correlates of individual ratings of emotional salience: a trial-related fMRI study ［J］. NeuroImage, 2004, 21（2）: 768–780.

［296］Phan K L, Wager T, Taylor S F, et al. Functional neuroanatomy of emotion: A meta-analysis of emotion activation studies in PET and fMRI ［J］. NeuroImage, 2002, 16（2）: 331–348.

［297］Pierrehumbert B, Torrisi R, Ansermet F, et al. Adult attachment representations predict cortisol and oxytocin responses to stress ［J］. Attach Hum Dev, 2012, 14（5）: 453–476.

［298］Piva M, Chang S W. An integrated framework for the role of oxytocin in multistage social decision - making ［J］. American journal of primatology, 2018: e22735.

［299］Powell L, Edwards K M, Bauman A, et al. Canine endogenous oxytocin responses to dog-walking and affiliative human-dog interactions ［J］. Animals, 2019, 9（2）: 51.

［300］Preckel K, Scheele D, Kendrick K M, et al. Oxytocin facilitates social approach behavior in women ［J］. Frontiers in Behavioral Neuroscience, 2014, 8.

［301］Prehn K, Kazzer P, Lischke A, et al. Effects of intranasal oxytocin on pupil dilation indicate increased salience of socioaffective stimuli ［J］. Psychophysiology, 2013, 50（6）: 528–537.

［302］Procyshyn T L, Lombardo M V, Lai M C, et al. Oxytocin enhances basolateral amygdala activation and functional connectivity ehile processing emotional faces: Preliminary findings in autistic versus non-autistic women [J]. Soc Cogn Affect Neurosci, 2022.

[303] Quintana D S, Alvares G A, Hickie I B, et al. Do delivery routes of intranasally administered oxytocin account for observed effects on social cognition and behavior?A two-level model [J]. Neurosci Biobehav Rev, 2015, 49: 182-192.

[304] Quintana D S, Westlye L T, Alnæs D, et al. Low dose intranasal oxytocin delivered with Breath Powered device dampens amygdala response to emotional stimuli: A peripheral effect-controlled within-subjects randomized dose-response fMRI trial [J]. Psychoneuroendocrinology, 2016, 69: 180-188.

[305] Quirin M, Kuhl J, Düsing R. Oxytocin buffers cortisol responses to stress in individuals with impaired emotion regulation abilities [J]. Psychoneuroendocrinology, 2011, 36 (6): 898-904.

[306] Radke S, De Bruijn E R. The other side of the coin: oxytocin decreases the adherence to fairness norms [J]. Front Hum Neurosci, 2012, 6: 193.

[307] Radke S, Jankowiak K, Tops S, et al. Neurobiobehavioral responses to virtual social rejection in females-exploring the influence of oxytocin [J]. Soc Cogn Affect Neurosci, 2021, 16 (3): 326-333.

[308] Radke S, Roelofs K, De Bruijn E R. Acting on anger: Social anxiety modulates approach-avoidance tendencies after oxytocin administration [J]. Psychol Sci, 2013, 24 (8): 1573-1578.

[309] Rae M, Lemos Duarte M, Gomes I, et al. Oxytocin and vasopressin:

Signalling, behavioural modulation and potential therapeutic effects［J］. British Journal of Pharmacology，2022，179（8）：1544-1564.

［310］Rault J -L，Carter C S，Garner J P，et al. Repeated intranasal oxytocin administration in early life dysregulates the HPA axis and alters social behavior［J］. Physiology & behavior，2013，112-113：40-48.

［311］Riem M M，Bakermans-Kranenburg M J，Pieper S，et al. Oxytocin modulates amygdala，insula，and inferior frontal gyrus responses to infant crying：a randomized controlled trial［J］. Biol Psychiatry，2011，70（3）：291-297.

［312］Riem M M，Bakermans-Kranenburg M J，Van I M H. Intranasal administration of oxytocin modulates behavioral and amygdala responses to infant crying in females with insecure attachment representations［J］. Attach Hum Dev，2016，18（3）：213-234.

［313］Riem M M E，Bakermans-Kranenburg M J，Van Ijzendoorn M H，et al. Attachment in the brain：Adult attachment representations predict amygdala and behavioral responses to infant crying［J］. Attachment & Human Development，2012，14（6）：533-551.

［314］Rilling J K，DeMarco A C，Hackett P D，et al. Sex differences in the neural and behavioral response to intranasal oxytocin and vasopressin during human social interaction［J］. Psychoneuroendocrinology，2014，39：237-248.

［315］Rilling J K，DeMarco A C，Hackett P D，et al. Effects of intranasal oxytocin and vasopressin on cooperative behavior and associated brain activity in men［J］. Psychoneuroendocrinology，2012，37（4）：

447-461.

[316] Rimmele U, Hediger K, Heinrichs M, et al. Oxytocin makes a face in memory familiar [J]. J Neurosci, 2009, 29 (1): 38-42.

[317] Rocchetti M, Radua J, Paloyelis Y, et al. Neurofunctional maps of the 'maternal brain' and the effects of oxytocin: A multimodal voxel - based meta - analysis [J]. Psychiatry and clinical neurosciences, 2014, 68 (10): 733-751.

[318] Rockliff H, Karl A, McEwan K, et al. Effects of intranasal oxytocin on 'compassion focused imagery' [J]. Emotion, 2011, 11 (6): 1388.

[319] Rognoni E, Galati D, Costa T, et al. Relationship between adult attachment patterns, emotional experience and EEG frontal asymmetry [J]. Personality and Individual Differences, 2008, 44 (4): 909- 920.

[320] Romero T, Konno A, Nagasawa M, et al. Oxytocin modulates responses to inequity in dogs [J]. Physiology & behavior, 2019, 201: 104- 110.

[321] Romero T, Nagasawa M, Mogi K, et al. Oxytocin promotes social bonding in dogs [J]. Proceedings of the National Academy of Sciences, 2014, 111 (25): 9085-9090.

[322] Rosenberg M. Society and the adolescent self-image [J]. Social Forces, 1965, 3 (2).

[323] Rosenfeld A J, Lieberman J A, Jarskog L F. Oxytocin, dopamine, and the amygdala: A neurofunctional model of social cognitive deficits in schizophrenia [J]. Schizophr Bull, 2011, 37 (5): 1077-1087.

［324］Rubin K H, Dwyer K M, Booth-LaForce C, et al. Attachment, friendship, and psychosocial functioning in early adolescence ［J］. The Journal of early adolescence, 2004. , 24（4）: 326-356.

［325］Rudman L A, Feinberg J, Fairchild K. Minority members' implicit attitudes: Automatic ingroup bias as a function of group status ［J］. Social Cognition, 2002, 20（4）: 294-320.

［326］Russell D, Peplau L A, Ferguson M L. Developing a measure of loneliness ［J］. Journal of personality assessment, 1978, 42（3）: 290-294.

［327］Rutherford H J V, Guo X M, Graber K M, et al. Intranasal oxytocin and the neural correlates of infant face processing in non-parent women ［J］. Biol Psychol, 2017, 129: 45-48.

［328］Sachdev I, Bourhis R Y. Social categorization and power differentials in group relations［J］. European Journal of Social Psychology, 1985, 15（4）: 415-434.

［329］Sachdev I, Bourhis R Y. Status differenttals and intergroup behaviour ［J］. European Journal of Social Psychology, 1987, 17（3）: 277-293.

［330］Sachdev I, Bourhis R Y. Power and status differentials in minority and majority group relations ［J］. European Journal of Social Psychology, 1991, 21（1）: 1-24.

［331］Savaskan E, Ehrhardt R, Schulz A, et al. Post-learning intranasal oxytocin modulates human memory for facial identity ［J］. Psychoneuroendocrinology, 2008, 33（3）: 368-374.

［332］Scantamburlo G, Hansenne M, Fuchs S, et al. Plasma oxytocin levels and anxiety in patients with major depression [J] . Psychoneuroendocrinology, 2007, 32（4）：407-410.

[333] Scatliffe N, Casavant S, Vittner D, et al. Oxytocin and early parent-infant interactions: A systematic review[J]. Int J Nurs Sci, 2019, 6(4): 445-453.

[334] Scheele D, Plota J, Stoffel-Wagner B, et al. Hormonal contraceptives suppress oxytocin-induced brain reward responses to the partner's face [J] . Soc Cogn Affect Neurosci, 2016, 11（5）：767-774.

[335] Scheele D, Schwering C, Elison J T, et al. A human tendency to anthropomorphize is enhanced by oxytocin [J] . Eur Neuropsychopharmacol, 2015, 25（10）：1817-1823.

[336] Scheele D, Striepens N, Güntürkün O, et al. Oxytocin modulates social distance between males and females [J] . Journal of Neuroscience, 2012, 32（46）：16074-16079.

[337] Scheele D, Striepens N, Kendrick K M, et al. Opposing effects of oxytocin on moral judgment in males and females [J] . Hum Brain Mapp, 2014, 35（12）：6067-6076.

[338] Scheele D, Wille A, Kendrick K M, et al. Oxytocin enhances brain reward system responses in men viewing the face of their female partner [J] . Proc Natl Acad Sci U S A, 2013, 110（50）：20308-20313.

[339] Schilbach L, Wilms M, Eickhoff S B, et al. Minds made for sharing. An fMRI investigation of the neural correlates of joint attention during engagement in online social interaction [J] . NeuroImage, 2009, 47：S183.

[340] Schneiderman I, Zagoory-Sharon O, Leckman J F, et al. Oxytocin

during the initial stages of romantic attachment: Relations to couples' interactive reciprocity[J]. Psychoneuroendocrinology, 2012, 37(8): 1277-1285.

[341] Seeley S H, Chou Y-h, O'Connor M-F. Intranasal oxytocin and OXTR genotype effects on resting state functional connectivity: A systematic review [J]. Neuroscience & Biobehavioral Reviews, 2018, 95: 17-32.

[342] Seeley S H, Chou Y H, O'Connor M F. Intranasal oxytocin and OXTR genotype effects on resting state functional connectivity: A systematic review [J]. Neurosci Biobehav Rev, 2018, 95: 17-32.

[343] Seltzer L J, Ziegler T, Connolly M J, et al. Stress-induced elevation of oxytocin in maltreated children: Evolution, neurodevelopment, and social behavior [J]. Child Dev, 2014, 85(2): 501-512.

[344] Shahrestani S, Kemp A H, Guastella A J. The impact of a single administration of intranasal oxytocin on the recognition of basic emotions in humans: A meta-analysis [J]. Neuropsychopharmacology, 2013, 38(10): 1929-1936.

[345] Shalvi S, De Dreu C K. Oxytocin promotes group-serving dishonesty [J]. Proc Natl Acad Sci U S A, 2014, 111(15): 5503-5507.

[346] Shamay-Tsoory S G, Abu-Akel A. The social salience hypothesis of oxytocin [J]. Biol Psychiatry, 2016, 79(3): 194-202.

[347] Shamay-Tsoory S G, Abu-Akel A, Palgi S, et al. Giving peace a chance: Oxytocin increases empathy to pain in the context of the Israeli-Palestinian conflict [J]. Psychoneuroendocrinology, 2013, 38(12): 3139-3144.

［348］Shamay-Tsoory S G, Fischer M, Dvash J, et al. Intranasal administration of oxytocin increases envy and schadenfreude（gloating）［J］. Biol Psychiatry, 2009, 66（9）: 864-870.

［349］Shaver P R, Mikulincer M. Adult attachment strategies and the regulation of emotion［J］. Handbook of emotion regulation, 2007, 44.

［350］Sheng F, Liu Y, Zhou B, et al. Oxytocin modulates the racial bias in neural responses to others' suffering［J］. Biol Psychol, 2013, 92（2）: 380-386.

［351］Shi Y, Liu J, Hu Z, et al. Opposing sex-dependent effects of oxytocin on the perception of gaze direction［J］. Psychopharmacology（Berl）, 2020, 237（3）: 869-876.

［352］Shimp T A, Sharma S. Consumer ethnocentrism: Construction and validation of the CETSCALE［J］. Journal of marketing research, 1987: 280-289.

［353］Sibley C G, Hoverd W J, Duckitt J. What's in a flag?Subliminal exposure to New Zealand national symbols and the automatic activation of egalitarian versus dominance values［J］. J Soc Psychol, 2011, 151（4）: 494-516.

［354］Simeon D, Bartz J, Hamilton H, et al. Oxytocin administration attenuates stress reactivity in borderline personality disorder: A pilot study［J］. Psychoneuroendocrinology, 2011, 36（9）: 1418-1421.

［355］Sindermann C, Luo R, Becker B, et al. The role of oxytocin on self-serving lying［J］. Brain Behav, 2020, 10（2）: e01518.

［356］Singer T, Kiebel S J, Winston J S, et al. Brain responses to the acquired moral status of faces ［J］. Neuron, 2004, 41（4）: 653-662.

［357］Singh R, Choo W M, Poh L L. In-group bias and fair-mindedness as strategies of self-presentation in intergroup perception ［J］. Personality and Social Psychology Bulletin, 1998, 24（2）: 147-162.

［358］Smith T W, Uchino B N, MacKenzie J, et al. Effects of couple interactions and relationship quality on plasma oxytocin and cardiovascular reactivity: Empirical findings and methodological considerations ［J］. Int J Psychophysiol, 2013, 88（3）: 271-281.

［359］Spengler F B, Schultz J, Scheele D, et al. Kinetics and dose dependency of intranasal oxytocin effects on amygdala reactivity ［J］. Biol Psychiatry, 2017, 82（12）: 885-894.

［360］Spielberger C D. Manual for the State-Trait Anxiety Inventory STAI（form Y）（"self-evaluation questionnaire"）［J］. Consulting Psychogyists Press, 1983.

［361］Stallen M, De Dreu C K, Shalvi S, et al. The herding hormone: Oxytocin stimulates in-group conformity ［J］. Psychol Sci, 2012, 23（11）: 1288-1292.

［362］Stevens J S, Hamann S. Sex differences in brain activation to emotional stimuli: A meta-analysis of neuroimaging studies ［J］. Neuropsychologia, 2012, 50（7）: 1578-1593.

［363］Strathearn L, Fonagy P, Amico J, et al. Adult attachment predicts maternal brain and oxytocin response to infant cues ［J］. Neuropsychopharmacology, 2009, 34（13）: 2655-2666.

［364］Striepens N, Kendrick K M, Hanking V, et al. Elevated cerebrospinal fluid and blood concentrations of oxytocin following its intranasal administration in humans［J］. Sci Rep, 2013, 3.

［365］Striepens N, Kendrick K M, Maier W, et al. Prosocial effects of oxytocin and clinical evidence for its therapeutic potential［J］. Front Neuroendocrinol, 2011, 32（4）: 426-450.

［366］Striepens N, Matusch A, Kendrick K M, et al. Oxytocin enhances attractiveness of unfamiliar female faces independent of the dopamine reward system［J］. Psychoneuroendocrinology, 2014, 39: 74-87.

［367］Striepens N, Scheele D, Kendrick K M, et al. Oxytocin facilitates protective responses to aversive social stimuli in males［J］. Proceedings of the National Academy of Sciences, 2012, 109（44）: 18144-18149.

［368］Tabak B A, McCullough M E, Szeto A, et al. Oxytocin indexes relational distress following interpersonal harms in women［J］. Psychoneuroendocrinology, 2011, 36（1）: 115-122.

［369］Tajfel H. Experiments in intergroup discrimination［J］. Scientific American, 1970, 223（5）: 96-103.

［370］Tajfel H, Turner J C. An integrative theory of intergroup conflict［J］. The social psychology of intergroup relations, 1979, 33（47）: 74.

［371］Taylor S E, Gonzaga G C, Klein L C, et al. Relation of oxytocin to psychological stress responses and hypothalamic-pituitary-adrenocortical axis activity in older women［J］. Psychosomatic medicine, 2006, 68（2）: 238-245.

［372］Taylor S E, Gonzaga G C, Klein L C, et al. Relation of oxytocin to psychological stress responses and hypothalamic–pituitary–adrenocortical axis activity in older women [J]. Psychosom Med, 2006, 68 (2): 238–245.

[373] Taylor S E, Master S L. Social responses to stress: The tend–and–befriend model [J]. The handbook of stress science: Biology, psychology, and health, 2011: 101–109.

[374] Ten Velden F S, Baas M, Shalvi S, et al. Oxytocin differentially modulates compromise and competitive approach but not withdrawal to antagonists from own vs. rivaling other groups [J]. Brain Res, 2014, 1580 (6): 172–179.

[375] Ten Velden F S, Daughters K, De Dreu C K W. Oxytocin promotes intuitive rather than deliberated cooperation with the in–group [J]. Horm Behav, 2017, 92: 164–171.

[376] Terris E T, Beavin L E, Barraza J A, et al. Endogenous oxytocin release eliminates in–group bias in monetary transfers with perspective-taking [J]. Frontiers in Behavioral Neuroence, 2018, 12: 35.

[377] Theodoridou A, Penton–Voak I S, Rowe A C. A direct examination of the effect of intranasal administration of oxytocin on approach–avoidance motor responses to emotional stimuli [J]. PLoS One, 2013, 8 (2): e58113.

[378] Theodoridou A, Rowe A C, Mohr C. Men perform comparably to women in a perspective taking task after administration of intranasal oxytocin but not after placebo [J]. Front Hum Neurosci, 2013, 7: 197.

[379] Theodoridou A, Rowe A C, Penton–Voak I S, et al. Oxytocin and

social perception: oxytocin increases perceived facial trustworthiness and attractiveness [J]. Horm Behav, 2009, 56 (1): 128–132.

[380] Thienel M, Heinrichs M, Fischer S, et al. Oxytocin's impact on social face processing is stronger in homosexual than heterosexual men [J]. Psychoneuroendocrinology, 2014, 39: 194–203.

[381] Tollenaar M S, Chatzimanoli M, Van Der Wee N J, et al. Enhanced orienting of attention in response to emotional gaze cues after oxytocin administration in healthy young men [J]. Psychoneuroendocrinology, 2013, 38 (9): 1797–1802.

[382] Tomizawa K, Iga N, Lu Y –F, et al. Oxytocin improves long–lasting spatial memory during motherhood through MAP kinase cascade [J]. Nature neuroscience, 2003, 6 (4): 384.

[383] Tomova L, Heinrichs M, Lamm C. The other and me: Effects of oxytocin on self–other distinction [J]. International Journal of Psychophysiology, 2019, 136: 49–53.

[384] Tops M, Van Peer J M, Korf J, et al. Anxiety, cortisol, and attachment predict plasma oxytocin [J]. Psychophysiology, 2007, 44 (3): 444–449.

[385] Triandis H C, Trafimow D. Cross–national prevalence of collectivism [J]. Individual self, relational self, collective self, 2001: 259–276.

[386] Triki Z, Daughters K, De Dreu C K W. Oxytocin has 'tend–and–defend' functionality in group conflict across social vertebrates [J]. Philosophical Transactions of the Royal Society B: Biological Sciences, 2022, 377 (1851): 20210137.

［387］Turcsán B，Román V，Lévay G，et al. Intranasal oxytocin improves social behavior in laboratory beagle dogs（canis familiaris）using a custom-made social test battery［J］. Frontiers in Veterinary Science，2022，9.

［388］Turner J C，Reynolds K J. The social identity perspective in intergroup relations：Theories，themes，and controversies［J］. Blackwell handbook of social psychology：Intergroup processes，2001，4：133-152.

［389］Tyzio R，Cossart R，Khalilov I，et al. Maternal oxytocin triggers a transient inhibitory switch in GABA signaling in the fetal brain during delivery［J］. Science，2006，314（5806）：1788.

［390］Tzourio-Mazoyer N，Landeau B，Papathanassiou D，et al. Automated anatomical labeling of activations in SPM using a macroscopic anatomical parcellation of the MNI MRI single-subject brain［J］. NeuroImage，2002，15（1）：273-289.

［391］Uchino B N，Garvey T S. The availability of social support reduces cardiovascular reactivity to acute psychological stress［J］. Journal of behavioral medicine，1997，20（1）：15-27.

［392］Van Bavel J J，Packer D J，Cunningham W A. The neural substrates of in-group bias：A functional magnetic resonance imaging investigation ［J］.Psychological science，2008，19（11）：1131-1139.

［393］Van Ijzendoorn M H，Bakermans-Kranenburg M J. A sniff of trust：Meta-analysis of the effects of intranasal oxytocin administration on face recognition，trust to in-group，and trust to out-group［J］. Psychoneuroendocrinology，2012，37（3）：438-443.

［394］Van I M H, Bakermans-Kranenburg M J. A sniff of trust：meta-analysis of the effects of intranasal oxytocin administration on face recognition, trust to in-group, and trust to out-group［J］. Psychoneuroendocrinology, 2012, 37（3）：438-443.

［395］Van Ree J M, Niesink R J, Van Wolfswinkel L, et al. Endogenous opioids and reward［J］. European journal of pharmacology, 2000, 405（1）：89-101.

［396］Van Zuiden M, Frijling J L, Nawijn L, et al. Intranasal oxytocin to prevent posttraumatic stress disorder symptoms：A randomized controlled trial in emergency department patients［J］. Biol Psychiatry, 2017, 81（12）：1030-1040.

［397］Volz K G, Kessler T, Von Cramon D Y. In-group as part of the self：In-group favoritism is mediated by medial prefrontal cortex activation ［J］. Soc Neurosci, 2009, 4（3）：244-260.

［398］Vrticka P, Andersson F, Grandjean D, et al. Individual attachment style modulates human amygdala and striatum activation during social appraisal［J］. PLoS One, 2008, 3（8）：e2868.

［399］Vrtička P, Sander D, Vuilleumier P. Influence of adult attachment style on the perception of social and non-social emotional scenes［J］. Journal of Social and Personal Relationships, 2012, 29（4）：530-544.

［400］Vrticka P, Vuilleumier P. Neuroscience of human social interactions and adult attachment style［J］. Front Hum Neurosci, 2012, 6：212.

［401］Vrtička P, Vuilleumier P. Neuroscience of human social interactions and adult attachment style［J］. Front Hum Neurosci, 2012, 6.

［402］Wagner U，Galli L，Schott B H，et al. Beautiful friendship：Social sharing of emotions improves subjective feelings and activates the neural reward circuitry［J］. Soc Cogn Affect Neurosci，2015，10（6）：801-808.

［403］Walter H，Abler B，Ciaramidaro A，et al. Motivating forces of human actions：Neuroimaging reward and social interaction［J］. Brain research bulletin，2005，67（5）：368-381.

［404］Wang D，Ma Y. Oxytocin facilitates valence-dependent valuation of social evaluation of the self［J］. Commun Biol，2020，3（1）：433.

［405］Wang T，Tang Q，Wu X，et al. Attachment anxiety moderates the effect of oxytocin on negative emotion recognition：Evidence from eye-movement data［J］. Pharmacol Biochem Behav，2020，198：173015.

［406］Wang Y，Wang R，Wu H. The role of oxytocin in modulating self-other distinction in human brain：a pharmacological fMRI study［J］. Cerebral Cortex，2021.

［407］Watson D，Clark L A，Tellegen A. Development and validation of brief measures of positive and negative affect：The PANAS scales［J］. Journal of Personality and Social Psychology，1988，54（6）：1063.

［408］Weisman O，Zagoory-Sharon O，Feldman R. Oxytocin administration to parent enhances infant physiological and behavioral readiness for social engagement［J］. Biol Psychiatry，2012，72（12）：982-989.

［409］Wigton R，Jocham Radua P A，Averbeck B，et al. Neurophysiological effects of acute oxytocin administration：Systematic review and meta-analysis of placebo-controlled imaging studies [J]. Journal of psychiatry & neuroscience: JPN, 2015, 40（1）: E1.

[410] Wittfoth-Schardt D, Grunding J, Wittfoth M, et al. Oxytocin modulates neural reactivity to children's faces as a function of social salience [J]. Neuropsychopharmacology, 2012, 37（8）: 1799-1807.

[411] Xia M, Wang J, He Y. BrainNet Viewer: A network visualization tool for human brain connectomics [J]. PLoS One, 2013, 8（7）: e68910.

[412] Xu X, Liu C, Zhou X, et al. Oxytocin facilitates self-serving rather than altruistic tendencies in competitive social interactions via orbitofrontal cortex [J]. International Journal of Neuropsychopharmacology, 2019, 22（8）: 501-512.

[413] Xu X, Yao S, Xu L, et al. Oxytocin biases men but not women to restore social connections with individuals who socially exclude them [J]. Sci Rep, 2017, 7.

[414] Xu X J, Shou X J, Li J, et al. Mothers of autistic children: Lower plasma levels of oxytocin and Arg-vasopressin and a higher level of testosterone [J]. PLoS One, 2013, 8（9）: e74849.

[415] Yamagishi A, Lee J, Sato N. Oxytocin in the anterior cingulate cortex is involved in helping behaviour [J]. Behav Brain Res, 2020, 393: 112790.

[416] Yang S, Xu Q, Li P. Oxytocin modulates responsibility attribution and hypothetical Resource allocation during cooperation [J]. Psychoneuroendocrinology, 2020, 114: 104597.

[417] Yang T T, Menon V, Eliez S, et al. Amygdalar activation associated

with positive and negative facial expressions [J]. Neuroreport, 2002, 13 (14): 1737-1741.

[418] Yao S, Becker B, Zhao W, et al. Oxytocin modulates attention switching between interoceptive signals and external social cues [J]. Neuropsychopharmacology, 2018, 43 (2): 294.

[419] Yao S, Zhao W, Cheng R, et al. Oxytocin makes females, but not males, less forgiving following betrayal of trust [J]. International Journal of Neuropsychopharmacology, 2014, 17 (11): 1785-1792.

[420] Yao S, Zhao W, Geng Y, et al. Oxytocin facilitates approach behavior to positive social stimuli via decreasing anterior insula activity [J]. Int J Neuropsychopharmacol, 2018, 21 (10): 918-925.

[421] Younger J, Aron A, Parke S, et al. Viewing pictures of a romantic partner reduces experimental pain: Involvement of neural reward systems [J]. PLoS One, 2010, 5 (10): e13309.

[422] Yue T, Xu Y, Xue L, et al. Oxytocin weakens self-other distinction in males during empathic responses to sadness: an event-related potentials study [J]. PeerJ, 2020, 8: e10384.

[423] Yue T, Yue C, Liu G, et al. Effects of oxytocin on facial expression and identity working memory are found in females but not males [J]. Front Neurosci, 2018, 12: 205.

[424] Zak P J, Stanton A A, Ahmadi S. Oxytocin increases generosity in humans [J]. PLoS One, 2007, 2 (11): e1128.

[425] Zhang X, Li P, Otieno S, et al. Oxytocin reduces romantic rejection-induced pain in online speed-dating as revealed by decreased frontal-midline theta oscillations [J]. Psychoneuroendocrinology, 2021,

133: 105411.

[426] Zhao W, Geng Y, Luo L, et al. Oxytocin increases the perceived value of both self-and other-owned items and alters medial prefrontal cortex activity in an endowment task [J]. Front Hum Neurosci, 2017, 11: 272.

[427] Zhao W, Ma X, Le J, et al. Oxytocin biases men to be more or less tolerant of others' dislike dependent upon their relationship status [J]. Psychoneuroendocrinology, 2017, 88: 167-172.

[428] Zhao W, Ma X, Le J, et al. Oxytocin biases men to be more or less tolerant of others' dislike dependent upon their relationship status [J]. Psychoneuroendocrinology, 2018, 88: 167-172.

[429] Zhao W, Yao S, Li Q, et al. Oxytocin blurs the self - other distinction during trait judgments and reduces medial prefrontal cortex responses [J]. Human brain mapping, 2016, 37 (7): 2512-2527.

[430] Zheng X, Xu X, Xu L, et al. Intranasal oxytocin may help maintain romantic bonds by decreasing jealousy evoked by either imagined or real partner infidelity [J]. J Psychopharmacol, 2021, 35 (6): 668- 680.